Helmut Dillmann

Ein praktischer spiritueller Weg zum Pferd

edition winterwork

Bibliografische Informationen der Deutschen Nationalbibliothek:
Die Deutsche Nationalbibliothek verzeichnet diese Publikation in der Deutschen Nationalbibliografie. Detaillierte bibliografische Daten im Internet über http://www.d-nb.de abrufbar.

Impressum

Helmut Dillmann, »Ein praktischer spiritueller Weg zum Pferd«
www.edition-winterwork.de

Satz: Pia Stadelmann
Umschlag: Pia Stadelmann
Druck und Bindung: winterwork Borsdorf

ISBN 978-3-86468-968-0

Ein praktischer spiritueller Weg zum Pferd

Helmut Dillmann

Ein praktischer spiritueller Weg zum Pferd
Gemeinsam wachsen und zusammenwachsen

Mit Fotos von Julia Moll

Ein Manual

An mein Pferd:

Weil du nur das Gute in mir spiegelst,
erkenne ich in dir
das ganze Wohlwollen dieser Welt.
Weil du alle meine Schwächen in mir spiegelst,
erkenne ich
mein ganzes noch nicht gelebtes Potenzial.
Du lässt mich wissen, dass nur der wachsen kann,
der es schafft beides miteinander zu versöhnen.

Danksagung

Auch wenn es sich bei dem hier vorliegenden Manual nur um ein kleines Büchlein handelt, so hätte es ohne Mithilfe von anderen niemals entstehen können. Helfer waren all die, von denen ich lernen konnte. Meine Dankbarkeit gilt hier in ganz besonderem Maße Ulrike Breimesser, meiner Frau Angela Dillmann, Arnika König und Klaus Oswald.
Meiner Frau danke ich zusätzlich, ebenso wie meiner Tochter Sophia Kunz, für die Durchsicht und Korrektur der Texte und meiner Kollegin Inés Hermes bin ich sehr verbunden für die fachliche Durchsicht und Beratung.
Es war mir eine ganz besondere Ehre und Freude, dass die Pferdefotografin Julia Moll die Fotos zu diesem Bändchen beigesteuert hat.
Die größte Dankbarkeit gilt selbstverständlich meinem wichtigsten Lehrmeister, dem asilen Vollblutaraberhengst BAA Ahabb, ohne den ich hätte kein Wort niederschreiben können.
Letztlich danke ich all den Lesern, die die Geduld aufbringen, die einzelnen Kapitel, so wie es bei einem Manual eben gedacht ist, durchzuarbeiten und ich wünsche dabei viel Spaß, Erfolg und spürbare Schritte in eine Richtung, die sich jeder im Umgang mit seinem Pferd ersehnt.

Heidenrod im Mai 2015

Helmut Dillmann

Inhalt

Widmung

Dieses Büchlein ist allen alten Pferden gewidmet und solchen, die nicht mehr reitbar sind, sowie ihren Besitzern, die ihnen in Dankbarkeit dennoch ein pferdegerechtes Leben ermöglichen.
Wer einmal gespürt hat, welche Würde von einem alten Pferd ausgehen kann, der hat etwas Wunderbares entdecken dürfen.

Vorbemerkung

Auch wenn du glaubst, dein Pferd und du, ihr wärt ein Team, vergiss niemals, dass bei allem Glück, das ihr miteinander teilen mögt, deine Sehnsüchte völlig andere sind, als die deines Pferdes.

Erklärung zum Aufbau und Konzept von „Ein praktischer spiritueller Weg zum Pferd"

Der korrekte Umgang mit dem Pferd bietet eine ungleich große Chance zum persönlichen Wachstum. Der Grund hierfür ist einfach zu erklären: Aufgrund ihrer großen Wahrnehmungsfähigkeit sind Pferde dazu in der Lage, Verhaltensweisen, körperliche und vornehmlich emotionale Gegebenheiten beim Menschen zu erfassen. Pferde sind keine magischen Wesen, die aufgrund von Zauberkräften in dich hineinschauen können, aber unsere Emotionen korrespondieren mit einer Vielzahl von physiologischen Reaktionen, unserer Körperhaltung und Bewegungsmustern. Pferde sind aufgrund ihrer Eigenschaften als Flucht- und Herdentiere gleichsam darauf programmiert, die Befindlichkeiten und Intensionen der sie umgebenden Lebewesen zu erfassen, um ihr Überleben zu sichern, denn wenn ein Herdentier beispielsweise unruhig ist, weil es eine Gefahr wahrnimmt, dann erfassen dies die anderen Herdenmitglieder ebenso. Dies alles findet sich in dem sicherlich weit überstrapazierten Satz:
„Dein Pferd ist dein Spiegel" wieder, der zwar völlig korrekt alles auf den Punkt bringt, den man aber verstanden haben sollte, bevor man ihn immer wieder ausspricht. Sensible Menschen verfügen ebenfalls über ähnliche Fähigkeiten, wenn auch nicht in dem gleichen Ausmaß wie Pferde, gleichwohl diese Kompetenzen bei uns Menschen leider zunehmend

verkümmern. Beispielsweise sind einige Menschen dazu in der Lage, blitzartig die Stimmung in einem Raum, den sie gerade betreten haben, zu erfassen, auch wenn keiner der dort befindlichen Personen irgendetwas geäußert hat. Der vorliegende Band, der aus elf Kapiteln und sogenannten Nach(t)gedanken mit recht unterschiedlichen Themenbereichen besteht, hat es sich zur Aufgabe gemacht, durch bestimmte Übungen das innere Wachstum im Umgang mit dem Pferd dergestalt zu fördern, dass die eigentliche Arbeit mit dem Pferd besser funktioniert. Es geht hierbei weniger um das richtige Training mit dem Pferd, sondern mehr darum, sich mental auf einen Weg zu begeben, der zu einem Umgang mit dem Pferd führt, bei dem man sich in der Beziehung zu seinem Tier im Reinen fühlt und die Erfahrung macht, dass sein Tier einen dies auch spüren lässt. Natürlich fließen hierbei auch praktische Tipps/Übungsanleitungen direkt mit dem Pferd mit ein. Trainiert werden soll jedoch primär der Mensch. Da wir unterschiedlich lernen und Lerninhalte sich am besten verfestigen, wenn auf verschiedenen Ebenen, (gemeint ist die gedankliche, die emotionale und die Handlungsebene) gleichzeitig gelernt wird, beinhalten die Kapitel jeweils einen kurzen Theorieteil, einen meditativen Teil, bei dem das Lernen auf einer emotionalen und im Unterbewusstsein verankerten Ebene angeregt werden soll, und einen praktischen Handlungsteil.

Eine Vorbemerkung auf psychologischer Ebene

Der deutsche Psychologe Klaus Grawe (er lebte zuletzt in der Schweiz) hat die Theorie aufgestellt, dass Menschen dann Wohlbefinden erleben, wenn sie Konsistenz (Übereinstimmung) empfinden. Konsistenz empfindet ein Mensch dann, wenn sich seine Grundbedürfnisse miteinander im Gleichklang befinden. Was bedeutet das? Grawe sprach hier den von Epstein identifizierten vier Grundbedürfnissen Kontrolle, Selbstwerterhöhung, Bindung und Lust eine entscheidende Bedeutung zu. Wir möchten Kontrolle über unser Leben, damit wir uns sicher und möglichst angstfrei fühlen können. Ein gutes Selbstwertgefühl gibt uns Zuversicht, motiviert und erhöht unsere Leistungsfähigkeit. Durch Bindung erfahren wir u.a. Sicherheit und Geborgenheit. Der Begriff „Lust" bezeichnet angenehme Gefühlszustände und ist keinesfalls auf die sexuelle Lust beschränkt. Gibt es Konflikte zwischen den Grundbedürfnissen (Zerrissenheitsgefühl) oder kann man seine Ziele nicht wie gewünscht realisieren, erlebt man nach Grawe Inkonsistenz. Diese Inkonsistenz führt zu unangenehmen Gefühlen. Um diese unangenehmen Gefühle zu vermeiden, werden häufig ungesunde Strategien entwickelt, die dem Individuum zwar kurzfristig eine Besserung verschaffen, langfristig jedoch den Konflikt aufrechterhalten und das Leiden chronifizieren. Wird ein Kind beispielsweise permanent mit Liebesentzug bestraft und nur für seine

Anpassung, Unterordnung mit Zuwendung (Bindung) belohnt, macht es die Erfahrung, dass die Bedürfnisse nach Kontrolle und Selbstwert in einem eklatanten Widerspruch zu seinem Bedürfnis nach Bindung stehen. Es lernt, dass es eigene Bedürfnisse und Gefühle über Gebühr unterdrücken muss, um gebunden zu sein. Die Folge ist ein Mensch, der sich im Kontakt mit anderen zerrissen erlebt und sich den Interessen seiner Mitmenschen unterordnet, obwohl er das eigentlich gar nicht möchte. Aber dies ist nur ein Beispiel von vielen. Tausende weitere Fallbeispiele ließen sich noch anführen.

Welche Rolle können Pferde hier bei der Lösung solcher Konflikte übernehmen? Pferde spüren Inkonsistenz und Zerrissenheit. Ein Pferd mag diese Zerrissenheit nicht und wird dem „zerrissenen Menschen" nicht folgen. Unbarmherzig und klar halten Pferde uns einen Spiegel vor. Dank der Arbeit mit einem Pferd kann ein Mensch somit durch die eindeutigen Rückmeldungen des Tieres lernen, authentisch zu sein. Es wird nur folgen, wenn es vertraut. Und vertrauen kann man als Pferd nur einem kongruenten Führer, also einem Menschen, der mit sich ‚im Reinen' ist. Also „zwingt" uns das Pferd sanft aber konsequent, innere Konsistenz herzustellen und unsere Konflikte zu klären und zu lösen. Konsistenz ist natürlich nicht nur ein theoretisches Gebilde, sondern ein bestimmter Zustand unseres Nervensystems. Je konfliktfreier ich bin, desto mehr strahle ich von innen heraus Sanftmut aus, was seinen Niederschlag in meiner Körperhaltung, meiner Muskelspannung, meinen Bewegungen, meiner Stimme und vielem anderen mehr findet. All dies spürt ein Pferd, weil es dies zum Überleben braucht. So kann ein regelrecht heilender Prozess von einem Pferd ausgehen, indem es permanente Rückmeldung über den Entwicklungsstand bei der Bearbeitung der Konflikte gibt.

Pferde haben übrigens recht ähnliche Grundbedürfnisse wie Menschen. Sie verfügen über die gleichen Emotionen und können sogar denken. Einfache Denkprozesse sind nicht unbedingt an Sprache gebunden. Das Leben wird durch Hormone und neuronale Prozesse gesteuert. Leider dominieren in den Köpfen vieler Menschen im Zusammenhang mit den mentalen Fähigkeiten von Tieren fälschlicherweise ausschließlich Begriffe wie „Trieb" oder „Instinkt". Angeborenes Wissen, in neuronalen Mustern abgespeichert, ohne dass Außenreize bzw. Erfahrungen in dieses Wissen integriert wurden, kann man als Instinkt bezeichnen. Es ist auch schwierig, zwischen automatisiertem Verhalten und echtem Denkvermögen zu unterscheiden. Aber wir sollten uns verdeutlichen, dass der Unterschied zwischen höher entwickelten Säugetieren und Menschen viel geringer ist, als wir denken. Das liegt primär daran, dass wir selbst nicht mehr und nicht weniger sind, als ein höher entwickeltes Säugetier. Die krasse und für Tiere mit dramatischen Folgen verbundene Unterscheidung zwischen Mensch und Tier geht u.a. auf den Philosophen Descartes zurück, der im Auftrag der katholischen Kirche die Behauptung aufstellte, dass Tiere nichts weiter seien, als von Gott konstruierte mechanische Apparate, die Leben, Leiden und Gefühle in perfekter Weise vorspielen, um den Menschen zu bereichern, in Wirklichkeit aber keine realen lebenden Wesen seien. Dies versperrt, wenn es auch nur den wenigsten Menschen bewusst sein mag, auch heute noch vielen den Zugang zu der Tatsache, dass Tiere ebenso empfinden können, wie Menschen. Manche Tiere sind durch die Evolution sogar mit noch mehr Empfindungsfähigkeit ausgestattet als der Mensch, beispielsweise das Pferd. Deshalb ist die erste Frage, die wir uns stellen sollten, nicht die, was ich meinem Pferd alles beibringen kann und wie ich das tue, sondern die, was ich bereit bin, von meinem Pferd zu lernen.

Alle Übungen, ganz gleich auf welcher Ebene, dienen letztlich der Förderung vermehrter Konsistenz und Harmonie mit dem Pferd und somit dem inneren Wachstum des Menschen und damit auch dem Wohl des Pferdes.

Aufgesetztes Selbstbewusstsein ist fast schon eine moderne Zivilisationskrankheit. Fast nichts steht der effektiven Arbeit mit dem Pferd mehr im Weg als mangelnde Kongruenz und fehlende Authentizität. Der erste Schritt zum Erfolg geht deshalb scheinbar zurück und nicht nach vorne, denn der erste Schritt ist die Demut. Es gilt Demut und Freude an der durch Selbsterkenntnis gewonnenen neuen Kraft miteinander zu vereinen. Dein Pferd folgt dir, wenn es spürt, dass du bei dir selbst angekommen bist und nicht dort, wo du glaubst sein zu müssen.

Weiterführende Literatur:

Epstein, Seymour. (1993 b). Implications of cognitive-experimental self-theory for personality and developmental psychology. Funder, David C. (Ed); Parke, Ross D. (Ed); Tomlinson-Keasey, Carol (Ed); Widaman, Keith (Ed). Studying lives through time: Personality and development. Washington, DC, US: American Psychological Association

Gould, James L. und Gould, Carol Grant. (1997). Bewusstsein bei Tieren. Heidelberg, Berlin, Oxford. Spektrum Akademischer Verlag

Grawe, Klaus. (2004). Neuropsychotherapie. Göttingen, Bern, Toronto, Seattle, Oxford, Prag. Hogrefe Verlag

Perler, Dominik. (2006). Rene Descartes. München. Verlag C.H. Beck

Nach(t)gedanken

Princess

Das Leben zeichnet Menschen. Alte Menschen gehen oft gebeugt und tiefe Furchen ziehen sich durch ihre Gesichter. Ich bin felsenfest davon überzeugt, dass man, sofern man es versteht, in diesen Furchen lesen kann wie in einem Buch. Das Leben zeichnet aber nicht nur Menschen. Es zeichnet ebenso Tiere, Landschaften, Gebäude, letztlich einfach alles. Alles ist der Vergänglichkeit unterworfen, einem ewigen Wandel, dem Werden und Vergehen des gesamten Universums. Irgendwann einmal wird es keine Menschen mehr geben. Alles irdische Dasein wird der Vergangenheit angehören.

Gehe ich durch die Stallgasse in unserem Stall, so befindet sich ganz am Ende die Box von Princess. Princess ist eine sehr alte Fliegenschimmeldame. Niemand vermag ganz genau zu sagen, wie alt sie ist. Vermutlich ist sie um die dreißig Jahre alt. Princess kann man ihr Alter ansehen. Sie ist abgemagert, knochig, hat einen Senkrücken und leidet an einer chronischen Bindehautentzündung.

Princess hat keinen richtigen Besitzer. Natürlich gehört sie jemandem, denn jemand zahlt ihre Stallmiete. Deshalb kann Princess überleben und ist nicht beim Schlachter gelandet. Aber niemand kommt zu ihr, um sie zu streicheln oder etwas mit ihr zu unternehmen. Also kümmert sich die

Stallgemeinschaft um sie. Princess erhält von dieser Heucobs, da ihr das Kauen von Heu mittlerweile schwer fällt.
Wenn ich mich vor ihre Box stelle, dann dauert es eine Weile, bis Princess mir ihre Aufmerksamkeit schenkt. Geduldiges Warten wird in der Regel belohnt und nach einer Weile lässt sich die alte Dame streicheln. Dann habe ich ihre Aufmerksamkeit und sie hat auch meine, denn Princess erzählt mir aus ihrem Leben. Natürlich kann sie mir nicht berichten, in welchen Ställen sie gestanden und wie viele Fohlen sie hatte. Princess schildert mir Erlebnisse aus besseren Tagen, welche Hoffnungen und Erwartungen allein mit ihrer Namensgebung verbunden waren, dass sie verschiedene Besitzer hatte, dass es Zeiten gab, in denen es sich alles um sie drehte, ihre Menschen sie umsorgten, liebkosten, fütterten, mit ihr arbeiteten und wie es dann immer einsamer um sie wurde. Princess erzählt, wie diese Fürsorge plötzlich aufhörte, wie sich auf einmal niemand mehr um sie kümmerte, sie hungerte, Schmerzen litt, ihre Hufe nicht gepflegt wurden und sie lange Zeit keine Weide mehr gesehen hat.
Sie dreht sich von mir weg und unterbricht ihre Schilderung. Ich spüre ihre Enttäuschung, ihren Schmerz.
Die alte Prinzessin flüstert, dass sie sich verlassen fühlt und den Grund hierfür nie verstanden hat und sie sich heute noch fragt, was sie wohl damals falsch gemacht habe. Dann sei wieder ein neuer Besitzer gekommen und es sei ihr für kurze Zeit etwas besser gegangen,

aber im Prinzip habe sich alles wiederholt, nur habe sie es da schon weniger gespürt als zuvor. Tiefe Gleichgültigkeit habe sich in ihrer Seele breit gemacht und ein Teil von ihr sei bereits nicht mehr in dieser Welt gewesen.

Dann habe eine Frau vom Tierschutz sie gekauft und in diesen Stall gestellt. Hier komme sie täglich auf die Weide. Sie stehe mit anderen Pferden zusammen, werde gefüttert und beachtet. Eigentlich sei ihre Zeit ja abgelaufen, aber sie habe sich vorgenommen erst dann zu sterben, wenn sie sich das wiedergeholt habe, was in all den Jahren zuvor versäumt worden sei, weil sie denke, dass ihr dies zustehe.

„Ja“, denke ich, „einer Prinzessin wie dir steht das zu. Ich wünsche dir noch viele Heucobs und viele Weidengänge.“

Wenn ich die Stallgasse wieder zurückgehe, dann kommt mir immer wieder der gleiche Gedanke, nämlich der, wie wichtig und bereichernd es doch sein kann, den Alten zuzuhören und ihre Würde zu spüren, die man ihnen niemals hat nehmen können. Wer glaubt, dass das verrückt sei, einem alten Pferd zuzuhören, der hat noch nicht begriffen, dass sich die Geschichte der ganzen Welt in der Geschichte eines einzelnen Wesens komplett widerspiegelt.

Grundgedanken

Die sieben Chakren des (Arabischen) Pferdes

Aus „Getragen in die Ewigkeit“ (Die Geschichte der Araberzüchterin Ruth Rosenzweig) dem Buch entnommen: „Geschichten um Arabische Hengste“ (vom Autor, noch in Arbeit)

Das erste Chakra - Deine Sanftmut
(Sanftmut und Demut)

Wenn du nicht in Kontakt mit deiner inneren Sanftmut gelangst, dann gelangst du niemals zum Pferd. Jedem Menschen wohnt diese Sanftmut inne, aber nicht jeder findet leicht Zugang zu ihr. Das Pferd hilft dir, deine Sanftmut zu entdecken oder wieder zu entdecken, wenn sie dir verloren gegangen ist.
Der Sanftmütige erzwingt nichts. Sein Zorn, sofern er ihn überhaupt noch zu empfinden vermag, verraucht bevor er ins Handeln kommt. Er lässt sich berühren, bevor er berührt und er empfindet tiefes Mitgefühl mit jeder leidensfähigen Kreatur. Der Sanftmütige begegnet seinem Pferd mit der größten Aufmerksamkeit und hört ihm zu. er fragt sich demütig und dienend, welche Bedürfnisse es beim Pferd zu erfüllen gilt, bevor er von seinem Pferd etwas verlangt. Der Sanftmütige spürt sein Pferd. Er betrachtet es mit dem gleichen Wohlwollen, wie eine Mutter ihre Kinder betrachtet.

Das zweite Chakra - Deine Stärke
(Stärke, Führung und Verantwortung)

Wenn du keine Stärke zeigst, dann wird sich dein Pferd niemals von dir führen lassen. Aber du darfst niemals Stärke mit Gewalt verwechseln. Stärke ist die Kraft des Willens und der Entschlossenheit, mit der du deinem Pferd mental begegnest und dein Pferd wird deine mentale Stärke an deinem Herzschlag ebenso erkennen, wie an deinen Bewegungen. Es wird dich riechen, hören, sehen, spüren. Alles, was es bei dir wahrnimmt, wird es einer strengen Prüfung unterziehen. Es wird dich tausendmal prüfen und durchfallen lassen, wenn es dir an Stärke mangeln sollte, bis es einen Diamanten aus dir geschliffen hat. Dann verneige dich vor deinem Pferd in tiefer Dankbarkeit, denn es hat dich zu einem verantwortungsvollen Menschen gemacht, der nunmehr Führungsqualitäten besitzt.

Das dritte Chakra - Deine Zeit
(Zeit und Geduld)

Wenn du nicht dazu bereit bist, deinem Pferd Zeit zu schenken, dann wirst du auch nichts von ihm zurück erhalten. Geschenkte Zeit ist der Samen, der irgendwann aufgeht und Früchte trägt. Je mehr Saatgut du aussäst, umso mehr Früchte wirst du ernten können.

Das vierte Chakra - Deine Liebe
(Sehnsuchtsvolle Liebe und Hingabe)

Sehnsuchtsvolle Liebe und Hingabe oder Sehnsucht und liebevolle Hingabe verleihen deinem Pferd Ausdruck und Anmut. Beobachte, wie schön eine Frau ist, die aufrichtig geliebt wird, und du weißt, was dein Pferd verzaubern kann. Dein Pferd wird immer dich verzaubern und niemals umgekehrt. Liebe und Hingabe sind die einzigen Ausnahmen, mit denen du dein Pferd verzaubern kannst. Doch wohnt die Kraft nur in der aufrichtigen Liebe. Liebst du nur ein Ideal und eine Kreatur nur darum, weil sie diesem Ideal entspricht, so ist es keine wahre Liebe. Kein Zauber, keine Magie wird dann in dein Leben treten und du wirst unzufrieden bleiben, weil du nach etwas suchst, was du niemals finden wirst.

Das fünfte Chakra - Deine Ruhe
(Ruhe und Gelassenheit)

Dein ganzes Handeln sollte so beschaffen sein, dass du es nur um des Tuns Willen tust und nicht um der Ergebnisse Willen. Sei vollkommen ohne Begehr, brauche nichts, sei ganz ohne Ehrgeiz und Ziel, aber lasse dich nicht von deinem Weg abbringen. Der Pfeil trifft am besten, der sein Ziel ganz von selbst finden darf - wenn die Zeit dafür reif ist. Je ruhiger dein Herz schlägt, umso schneller kommst du voran

Das sechste Chakra - Dein Mut
(Mut und Vertrauen)

Dein Mut bringt dich voran und deine Angst ist dein Stillstand. Aber verteufele niemals deine Angst, nimm sie an, schaue in ihr Antlitz und setze dich mit ihr auseinander. Wenn du genau spürst, wovor du Angst hast, dann hast du so viel über dich gelernt, dass du wieder die Kraft erhalten hast, um mutig sein zu können. Wenn du deine Angst leugnest, dann wird sie dich eines Tages beherrschen und du wirst an eurem Stillstand verzweifeln. Dein Pferd kann dir nur vertrauen, wenn du dir selbst und deinem Pferd vertraust.

Das siebte Chakra - Der Adel deines Pferdes
(Hoher Adel und Ehre)

Falls du deinem Pferd nicht mit der Achtung begegnest, die ihm aufgrund seines hohen Adels zukommt, dann wirst du dich nicht entwickeln können. Dein Pferd kann dich adeln, aber hierzu musst du ihm zunächst respektvoll begegnen. Ohne deinen Respekt wird es dich nicht respektieren. Verwechsle Angst nicht mit Respekt. Ein gebrochenes Pferd mag dir gehorchen, aber jeglicher Adel ist aus ihm gewichen und es wird dich niemals erhöhen können, sondern dir immer die Erniedrigung vor Augen halten, die du ihm zugefügt hast. Wer achtlos handelt, wird am Ende nur Verachtung erhalten.

1. Kapitel

Dein Shire Horse

Um mit deinem Pferd effektiv zu kommunizieren, solltest du dich innerlich komplett leeren und von allem Überflüssigen befreien. Nur ein losgelöster Mensch hat ein losgelöstes Pferd. Es gilt ebenso, das Unvereinbare miteinander zu versöhnen. Meditiere über folgenden Satz:

1. Meditation:

Sei zielgerichtet, aber völlig ohne Begehr. Verschmelze mit deinem Ziel, ohne etwas zu brauchen.

Jedes Mal, wenn du mit deinem Pferd arbeiten möchtest, lade zuvor Gepäck ab. Nur wenn du leichten Herzens bist und deine Seele befreit von allem unnötigen Ballast ist, bist du frei für dein Pferd. Du trägst deine ganze Geschichte mit dir herum, die gesamte Geschichte deines Lebens. Vieles lastet schwer auf deinen Schultern, auch wenn es dir nicht immer präsent sein mag. Manches ist nützlich, obwohl es schmerzhaft war und eventuell noch ist, manches ist überflüssig. Wenn du deinem Pferd begegnest, wird dir ein Losgelöstsein eine völlig neue Welt eröffnen. Es lässt dich mit deinem Pferd in Kontakt treten und kommunizieren, wie du es nicht einmal in deinen Träumen für möglich hältst.

Es gibt Probleme, die wirst du nicht oder zumindest jetzt nicht lösen können, aber du musst dich nicht von ihnen hypnotisieren lassen. Deshalb suche vor der Begegnung mit deinem Pferd in deiner Phantasie einen Ort auf, in dem du überflüssiges Gepäck ablegen kannst. Dort steht dein Shire Horse. Es ist stark genug, dein Gepäck zu tragen, das Gepäck deines Lebens.

2. Meditation:

Einmal würde ich mich gerne erheben und mit dir davonfliegen. Wir würden alles hinter uns lassen bis das, was uns derzeit hier hält, winzig klein geworden ist. Du ließest mich frei und ich würde dich tragen. Meine Hufe würden auf das Gras trommeln und einen Weg finden, den du jetzt nicht einmal erahnen kannst. Ich würde dir saftige Wiesen und fruchtbare Täler zeigen, wildes Wasser und Seen, in denen sich die Sonne spiegelt. Wir würden uns frei fühlen, unendlich frei. Es wäre nicht mehr und nicht weniger, als unsere Bestimmung. Ich würde dir folgen ohne Halfter und ohne Strick. Du könntest die Augen schließen und mir einfach vertrauen. Wenn ich mich erhebe, dann fliege ich mit dir davon, damit du einmal spüren kannst, was es heißt, frei zu sein, auch wenn es nur im Herzen ist.

Übung:
(jeder Punkt bedeutet eine Pause von etwa 1 Minute)

Setze dich bequem hin, wo immer du magst, du kannst dich auch hinlegen oder stehen, ganz gleich, wie es dir in den Sinn kommt. Versuche zur Ruhe zu kommen doch wehre dich nicht gegen die Unruhe in dir. Nimm sie einfach zur Kenntnis und registriere sie. Solltest du ruhig sein, so nimm auch die Ruhe einfach zur Kenntnis.

..

Spüre den Kontakt zur Außenwelt, nimm wahr, wo dein Körper Kontakt hat (also etwas berührt), das ist vielleicht dein Gesäß mit einem Stuhl, einem Sessel oder dem Boden, dein Rücken mit einer Lehne oder einer Unterlage und deine Füße mit dem Boden.

..

Schließe die Augen oder schau dich um, wie es dir am liebsten ist. Wenn du die Augen geöffnet halten möchtest, dann achte auf alles, was du wahrnimmst.

..

Höre auf alle Geräusche, in der Nähe und in der Ferne

..

Stell dir vor, du befindest dich auf einer Wanderung, einer Reise, einer langen Reise. In deinem Rucksack führst du viel Gepäck mit. Den Rucksack hast du nur zum Teil selbst gepackt. Das ganze Leben hat dir zahlreiche Dinge dort hineingesteckt, Nützliches und Überflüssiges, Schmerzhaftes und Erfreuliches. Du trägst diesen Rucksack schon ein ganzes Leben und

jedes Jahr wandern neue Dinge hinein, aber manche werden auch abgelegt. Vielleicht ist dein Rucksack mit den Jahren immer schwerer geworden.
Wenn du ihn jetzt schulterst, spürst du sein ganzes Gewicht. So kannst du nicht effektiv mit deinem Pferd arbeiten. Du steigst mit deinem Gepäck nun einen steilen Bergpfad hinauf. Stelle dir das genau vor.

..

Bei jedem Schritt spürst du das Gewicht all dessen, was du mit dir trägst, Sorgen, Zweifel, existentielle Nöte, Ängste, aber auch Güter und Verpflichtungen.
Überlege genau, was dein Rucksack alles enthält.

..

Bald kommst du auf eine weite Hochebene. In einiger Entfernung siehst du ein kräftiges Shire Horse mit großen Satteltaschen. Es steht dort und wartet auf dich. Es ist dein Freund und immer dazu bereit, dich bei der Arbeit mit deinem Pferd zu unterstützen, indem es dir für die Dauer deiner Arbeit deine Last abnimmt.

..

Nähere dich deinem neuen Freund und begrüße ihn angemessen, freundlich und respektvoll, dankbar.
Nimm dir Zeit, Kontakt aufzunehmen.

..

Jetzt nimm deinen Rucksack von den Schultern, leere ihn und fülle die Satteltaschen des Pferdes. Es wird dir dein Gepäck für die Dauer deiner Arbeit mit deinem Pferd abnehmen. Im Anschluss kannst du zurückkehren und entscheiden, was du wieder aus den Satteltaschen nehmen und in deinen Rucksack packen möchtest. Dein Shire Horse nimmt dir alles ab. Doch bedenke, dass du auch vieles für dein Leben brauchst, selbst wenn es dich schmerzt. Deshalb wähle bei deiner Rückkehr mit Bedacht.

..

Schultere deinen leeren Rucksack und spüre die unendliche Leichtigkeit, die dich nunmehr ergriffen hat. Bedanke dich bei deinem Shire Horse und gehe den gleichen Pfad zurück, den du zum Aufstieg genommen hast. Genieße das Gefühl der Befreiung und erlaube dir, dich vollkommen leer und leicht zu fühlen.

..

Jetzt bist du bereit für die Arbeit mit deinem Pferd, ganz gleich, was du tust. Wenn du jetzt deinem Pferd begegnest, dann lasse es zunächst an deinen Händen riechen. Es wird dein Shire Horse wittern und wissen, wie losgelöst du für eure Begegnung und eure Arbeit sein wirst.

Weiterführende Literatur:

Dehner-Rau, Cornelia. Reddemann, Luise. (2011). Gefühle besser verstehen. Stuttgart. TRIAS Verlag

Reddemann, Luise. (2014). Imagination als heilsame Kraft. Hör-CD. Stuttgart. Klett-Cotta

Nach(t)gedanken

Je mehr Raum ich dir gebe, umso näher kommst du mir

Neulich kam ein Vater zu mir und berichtete glücklich und stolz, sein sechzehnjähriger Sohn habe sich endlich einen Ruck gegeben und er „mache nicht mehr dicht". Er war verzweifelt darüber gewesen, keinen Kontakt zu seinem Sohn zu bekommen und stattdessen nur mit seinem „Widerspruch", „Widerworten", „Abwertungen", seiner „Aufmüpfigkeit und Verweigerungshaltung" konfrontiert zu werden. Im Gespräch stellte sich schnell heraus, dass der Mann eigentlich kaum etwas über seinen Sohn wusste und die Gesprächsinhalte, sofern hier überhaupt von Gesprächen die Rede sein konnte, sich fast ausschließlich um die Erwartungen des Vaters an den Sohn und dessen „Renitenz" drehten.
Ich hatte dem Mann empfohlen, sich einfach mal ins Zimmer des Sohnes zu setzen und nichts zu tun, vielleicht seinem Sohn nur zuzuhören. Der Vater erfuhr so, dass sein Sohn sich (zu seinem Schrecken, den er aber Gott sei Dank verborgen hat) für Tattoos interessierte und nach geraumer Zeit schaute er mit dem Vater entsprechende Zeitschriften durch. Zwei Stunden hätten sie über ästhetische Fragen und Tattoos diskutiert. Sein Sohn sei seither wie verwandelt. Ob der Sohn nicht gebettelt hätte, sich

bereits jetzt ein Tattoo stechen lassen zu dürfen, habe ich ihn gefragt. Diese Befürchtung habe er anfangs auch gehabt, antwortete der Vater, aber diese Frage sei zu seiner Überraschung nicht aufgetaucht.
Was dann jetzt anders sei als vorher, habe ich gefragt. Der Mann überlegte eine Weile und meinte dann: „Ich glaube mein Sohn vertraut mir zum ersten Mal." Wieso er dieser Meinung sei, wollte ich wissen. Die Antwort kam prompt: „Ich war bei ihm und nicht bei mir und ich habe nur zugehört, mich nur interessiert, ihn nicht reglementiert."

Damit sich Menschen entfalten können, brauchen sie Raum. Sie brauchen Freiheit und Gelegenheit so zu sein wie sie sind oder vielleicht erst einmal die Gelegenheit zu entdecken, wie sie werden könnten, wenn man sie nur ließe. Wenn ich mein Gegenüber permanent mit meinen Themen und Anliegen konfrontiere, dann erfahre ich sehr wohl, wie mein Gegenüber darauf reagiert, und somit gewinne ich auch Kenntnisse über die Person, die oft bedeutsam sind. Aber machen wir uns nichts vor: es sind lediglich Ausschnitte aus dem Leben einer Persönlichkeit, mal relevante Ausschnitte und mal solche am Rande der Bedeutungslosigkeit. Ein gutes Beispiel ist die Schule. Kinder werden gefordert und Lehrer wissen oft recht viel über ihre Schützlinge, aber wissen sie wirklich die Dinge über sie, die auch nur annähernd Relevanz besitzen?
Was wissen wir über unsere Pferde? Sicherlich wissen wir eine ganze Menge, wie sie auf reiterliche Hilfen

reagieren, wie sie sich in unbekanntem Gelände oder mit Artgenossen verhalten. Wir wissen, wie sie mit unseren Anforderungen an sie umgehen. Sie kennen die Grenzen, die wir ihnen gesetzt haben und sie vertrauen uns, weil wir ihnen zuverlässig und konsequent Grenzen setzen und diese ebenso einhalten. Das sind Führungsqualitäten und dies gibt Sicherheit, sowohl dem Pferd als auch uns.

Aber vielleicht verbessert sich die Beziehung zu unserem Pferd noch, wenn wir ihm einmal viel Raum geben, einfach zuhören, still sind und es nicht mit unseren Forderungen und Erwartungen und dem Setzen von Grenzen konfrontieren. Vielleicht geschieht dann etwas Magisches, wenn wir uns stundenlang zu unserem Pferd auf die Koppel setzen und nichts tun, außer Zuhören und Zuschauen oder besser noch wertfrei wahrnehmen. Wer denkt, dies sei albern, der möge es gar nicht erst probieren. Wer sich jedoch darauf einlässt, mag die Erfahrung machen, dass beim Nicht-Handeln oft das meiste passiert, ja mit Abstand das meiste!

(Wer jetzt immer noch den Gedanken hat, man müsse einen Sechzehnjährigen aber doch unbedingt daran hindern, sich ein Tattoo stechen zu lassen, auch wenn er dies vielleicht erst macht, wenn er volljährig ist, der sollte viel Zeit mit Nichtstun auf der Koppel verbringen.)

2. Kapitel

Wertfreies Wahrnehmen und Achtsamkeit

Zwei Dinge stehen bei der Arbeit mit dem Pferd oft im Weg: Mangelnde Achtsamkeit und die Unfähigkeit wertfrei wahrzunehmen. Als Fluchttiere sind Pferde uns an Achtsamkeit haushoch überlegen. Wollen wir jedoch Führungsqualitäten im Umgang mit unserem Pferd erlangen, so sollte uns möglichst nichts unverborgen bleiben, was das Pferd, zumindest aus seiner Sicht, gefährden könnte. Das könnten im Gelände heranpreschende Rehe sein, aber auch zusammengeknülltes Zaunband oder ein freilaufender Hund. Werten wir letzteren beispielsweise gleich als Gefahr, so reagiert unser Organismus automatisch mit einem Anstieg physiologischer Parameter. Die Herz- und die Atemfrequenz nehmen zu, wir schwitzen vermehrt, unser Muskeltonus erhöht sich und ggf. verändert sich die Stellung unserer Schultern, unsere Schrittlänge verändert sich und vieles andere mehr. Dem Pferd entgeht das nicht. Dies stellt nicht unbedingt ein Problem dar. Problematisch für den Umgang mit dem Pferd wird es nur dann, wenn wir aufhören emotional authentisch zu sein, unsere Gefühle ignorieren, unterdrücken, nicht zulassen und versuchen zu verbergen. Wertfreies Wahrnehmen bemüht sich um das Registrieren von auftretenden Ereignissen und Emotionen, ohne sie großartig zu bewerten. Dies wird auch als Achtsamkeit bezeichnet.

Die Praxis der Achtsamkeit ist letztlich eine Meditationstechnik und wurde von Jon Kabat-Zinn, einem amerikanischen Molekularbiologen zur Behandlung von Angst- und Stressphänomenen eingesetzt. Achtsamkeit versucht die Wahrnehmung zu fokussieren und dabei ohne Bewertung lediglich zu registrieren, was mit den Sinnen aufgenommen und gefühlt wird. Aufkommende Gefühle werden dabei ebenso akzeptiert und keinesfalls unterdrückt wie einfache Sinneswahrnehmungen. Dadurch entstehen keine sogenannten sekundären Gefühle (z.B. Scham, weil man Angst hat) und es kommt zu keiner Eskalation von Gefühlen. Dies soll am Beispiel „Hund" erläutert werden, der uns auf einem Spaziergang freilaufend entgegen springen kann.
Wertfreies Wahrnehmen wäre z.B.: „Da kommt ein freilaufender Hund, er bewegt sich schnell auf uns zu, ich merke, wie mein Herz klopft und ich ein wenig unsicher werde, ich mache mir Gedanken darüber, wie mein Pferd reagieren könnte."
Wertendes Wahrnehmen könnte hingegen wie folgt ablaufen: „Oh Gott, ein freilaufender Hund! Welcher Idiot hat den nicht angeleint! So ein Mist! Jetzt bekomme ich Panik, dabei dürfte ich im Beisein meines Pferdes keine Angst zeigen. Also schön cool bleiben!"
Bekommt man Angst vor der Angst, weil man beispielsweise seine physiologischen Angstsymptome spürt und das Herzrasen, Zittern, Schwitzen etc. als Gefahr deutet, so steigert sich die Angst im Sinne eines Teufelskreises bis hin zur Panik.

Wir bemühen uns also um wertfreies Wahrnehmen, um wiederum emotional authentisch zu sein und so ruhiger und gelassener zu werden.

1. Meditation:

Beobachte dein Ein- und Ausatmen. Achte genau auf die Dauer des Ein- und Ausatmens. Spüre, wie sich dein Brustkorb hebt und senkt. Spüre, wie sich deine Bauchdecke hebt und senkt. Spüre die leichte Bewegung deiner Nasenflügel. Beobachte die Veränderungen in deinem Körper, die sich mit jedem Atemzug vollziehen.

2. Meditation:

Dein Pferd lehrt dich loszulassen

Fleischgewordene Poesie auf vier Hufen,
Ebnest mir den Weg an den Ort,
Wo ich hingehöre:
In den Schoß der ewigen Mutter,
Die jede Sehnsucht stillt
Und deren Trost unendlich ist.
Trage mich fort.
Ich werde leichter mit jedem Schritt.
Bald flieg ich dahin,
Wehe wie deine Mähne im Wind.

Übung

Gehe einen Weg durch die Natur, für den du etwa eine Stunde Zeit benötigst. Versuche achtsam wahrzunehmen, was du siehst, was du hörst und was du riechst, aber auch wie sich der Boden anfühlt. Richte deine ganze Aufmerksamkeit möglichst nach außen. Wie verändert sich die Landschaft? Was sind markante Merkmale des Weges, den du gewählt hast? Verändern sich Geräusche, Gerüche? Wenn du Zeit hast, wiederhole die Übung an einem anderen Tag und registriere die Unterschiede bei deiner Wahrnehmung an verschiedenen Tagen.
Gehe denselben Weg, aber nun richte deine Aufmerksamkeit nach innen. Was spürst du? Wie fühlt sich dein Körper an? Welche Gedanken gehen dir durch den Kopf? Welche Sorgen plagen dich unter Umständen und welche Gefühle empfindest du?
Wenn du beide Übungen durchgeführt hast, dann gehe denselben Weg mit deinem Pferd. Führe dein Pferd achtsam und registriere deine neue und veränderte Wahrnehmung.

Weiterführende Literatur:

Kabat-Zinn, Jon. (2013). Achtsamkeit für Anfänger. Freiburg. Arbor Verlag

Nach(t)gedanken

Der Wind in deiner Mähne

Als Kind wollte ich immer schon wissen, was der Wind zu sagen hat, denn ich hörte ihn pfeifen, surren, toben. Oft strich er um mich herum, mal zart, mal heftig, manchmal sogar schmerzhaft. So manchen Winter peitschte er mir ins Gesicht und während vieler heißer Sommer verwöhnte er mich zart mit angenehmer Kühlung und Erfrischung. So sehr ich auch lauschte, nie verstand ich seine Sprache. Doch schon als Kind wusste ich, dass gerade der Wind viele Geschichten zu erzählen hat, denn wer kommt mehr herum als der Wind. Weit bin ich gelaufen, um jemanden zu finden, der die Sprache des Windes versteht und mir seine Geschichten übersetzt, Geschichten aus aller Welt. Dann, als ich diese Suche längst aufgegeben hatte, traf ich dich und deine Mähne erzählt mir nun alle Geschichten des Windes. Ich sitze einfach bei dir und sehe, wie der Wind in deiner Mähne spielt und verstehe. So hat sich mein Kindheitstraum erfüllt und alles Surren, Peitschen, Pfeifen ergibt erstmalig einen Sinn. Ich habe es immer gewusst!

3. Kapitel

Reinige dein Herz

Um mit deinem Pferd effektiv arbeiten zu können, solltest du reinen Herzens sein. Nur so kommst du störungsfrei mit deiner inneren Sanftmut in Kontakt und nur wenn du im Kontakt mit deiner inneren Sanftmut bist, findet dein Pferd einen vertrauensvollen Zugang zu dir.

Um diesen Abschnitt erfolgreich zu absolvieren, solltest du dich zuvor - gemäß dem vorangegangenen Kapitel - sorgfältig in Achtsamkeit geübt haben.
Meditiere über folgenden Satz:

1. Meditation:

Glück liegt im Verzicht.

Der amerikanische Psychologe Abraham Maslow hat eine Hierarchie von Bedürfnissen konstatiert. Gemeint ist damit, dass der Befriedigung bestimmter Bedürfnisse absolute Priorität eingeräumt wird, bevor andere überhaupt eine Relevanz besitzen können. Erst wenn ein Großteil der Bedürfnisse einer Ebene befriedigt werden, gewinnen die Bedürfnisse der darüber liegenden Ebene an Bedeutung. Später wurden diese Bedürfnisse in Form einer Pyramide angeordnet und es entstand der Begriff der Bedürfnispyramide.

Selbstverwirklichung
Individualbedürfnisse
Soziale Bedürfnisse
Sicherheitsbedürfnisse
Physiologische Bedürfnisse

Wenn meine physiologischen Bedürfnisse befriedigt sind, ich also nicht friere, dürste, hungere oder Schmerzen habe, dann habe ich erst den Kopf frei, an meine Sicherheit zu denken und wenn ich mich sicher fühle, werde ich meinen Interessen im Hinblick auf soziale Kontakte nachgehen, mich um individuelle Pläne und dann um meine Selbstverwirklichung kümmern.
Die Beschäftigung mit dem Pferd ist für viele Menschen auf der Ebene der Selbstverwirklichung angesiedelt. Alle Bedürfnisse, die eine Basis für ein gesundes Wohlbefinden bieten, sind bereits befriedigt. Wie leicht ist doch das Arbeiten, wenn wir satt und schmerzfrei sind, uns einigermaßen sicher fühlen, Familie und Freunde haben und unseren ganz privaten Neigungen und Freuden, wenn auch nicht ungehindert, so aber doch im Rahmen des Möglichen, nachgehen können.
Wie aber schaut es mit deinem Pferd aus? Du möchtest mit deinem Pferd arbeiten, bezeichnest es vielleicht sogar als dein „Seelenpferd", aber hast du

schon einmal über die Befriedigung seiner Bedürfnisse nachgedacht? Vielleicht freut sich dein Pferd, wenn du es reitest, aber kann es das, wenn beispielsweise seine physiologischen Bedürfnisse, seine Sicherheitsbedürfnisse oder seine sozialen Bedürfnisse nicht hinreichend befriedigt werden?

2. Meditation:

Wird der Himmel für mich weinen?
Denn Dein Auge kann nicht sehen.
Meinen Kummer, doch den Deinen
Und Dein Ohr hört nicht mein Flehen.

Solltest mir ins Auge schauen,
Um Dich spiegelnd zu erkennen.
Könnt' ich Dir doch nur vertrauen,
Könnt' Dir meinen Schmerz nur nennen.

Doch Dein Blick ist abgewandt,
Bist bei Dir und nicht bei mir.
Bist Dir selbst nur zugewandt,
Hast den Sinn nicht für ein Tier.

Pferde können still nur klagen,
Unsere Schreie bleiben stumm.
Hört doch auf, uns so zu plagen!
Ach, was seid ihr Menschen dumm!

(aus BAA Ahabb - Hommage an einen Vollblutaraberhengst * Helmut Dillmann * erschienen bei winterwork 2014)

Übung:

Schaue dein Pferd an. Betrachte es von allen Seiten. Gehe sorgfältig durch seinen Stall, über seine Koppel, setze dich ruhig zu deinem Pferd auf die Koppel oder in seine Box. Bringe dein Inneres zum Schweigen und sei nur bei deinem Pferd.
Bleib' so lange sitzen, bis du genau spürst, was dein Pferd braucht, was es hat und was ihm fehlt. Hat es gutes, gesundes und ausreichendes Futter, frisches Wasser, Bewegung?
Ist es frei von Schmerzen?
Sind seine Bedürfnisse nach Sicherheit hinreichend befriedigt?
Verfügt dein Pferd über ausreichenden sozialen Kontakt?
Denkst du es nur oder spürst du es auch?
Nimm dir Zeit und versuche zu spüren, was dein Pferd dir wie auch immer mitteilt.
Missbrauchst du dein Pferd für dein übergeordnetes Bedürfnis der Selbstverwirklichung oder sind eure gemeinsamen Aktivitäten tatsächlich gemeinsame Aktivitäten und als Team gewachsen?

Wenn du nachgedacht und in dich hinein gespürt hast, dann mache dir Notizen. Hadere keinesfalls mit dir,

wenn du entdeckst, dass du nicht alle Bedürfnisse deines Pferdes gut befriedigen kannst. Nicht alles steht in deiner Macht, aber reinige dein Herz durch erbarmungslose Ehrlichkeit.
Entwickle einen schriftlichen Plan zur Beseitigung von Missständen, arbeite daran und freue dich an der wachsenden Verbesserung der Lebensumstände deines Pferdes.
Dein Pferd wird dein Bemühen spüren. Du wirst ein gutes oder zumindest besseres Gewissen deinem Pferd gegenüber haben. Du wirst authentischer und konsistenter sein und dein Pferd wird dir leichter folgen.

Weiterführende Literatur:

Maier, Günther W. Bedürfnishierarchie, in Gabler Wirtschaftslexikon. www.wirtschaftslexikon.gabler.de

Nach(t)gedanken

Von unsichtbaren Verbindungen

Meine Eltern haben während des zweiten Weltkriegs geheiratet. Das war im Jahr 1942. Nach der Hochzeit im November desselben Jahres musste mein Vater wieder nach Russland. Bei der Trennung wussten beide nicht, ob sie sich jemals wiedersehen würden. Damals trafen sie die Vereinbarung, in sternklaren Nächten zu bestimmten Zeiten einen ganz bestimmten Stern anzuschauen und sie waren der festen Überzeugung, sich so auf eine ganz besondere Art und Weise sehr nahe zu sein.
Das ist mittlerweile mehr als siebzig Jahre her. Heute schaut keiner mehr in die Sterne, heute schaut man auf sein Smartphone und verschickt eine Whatsapp-Nachricht und dazu vielleicht noch ein Selfie. Skype oder Facetime schaffen zusätzliche Möglichkeiten, die man in den vierziger Jahren des letzten Jahrhunderts kaum für möglich gehalten hätte, nämlich den scheinbar hautnahen Kontakt mit einem mobilen Bildtelefon.
Meine Mutter hat mir versichert, dass sie ganz genau gespürt hat, wenn mein Vater an sie dachte. Sie trat dann ins Freie, wie sie mir berichtete, und suchte den gemeinsamen Stern. War der Himmel bewölkt, dann war sie sicher, dass in Russland, dort wo sich mein Vater gerade aufhielt, keine Wolke den Blick ins Firmament verhinderte.

Ich habe viel darüber nachgedacht, ob das möglich ist, was mir meine Mutter da berichtet hat. Sollte dies der Fall sein, dann sehe ich diese Fähigkeit insbesondere durch die Existenz des Smartphones gefährdet, quasi vom Aussterben bedroht.
Aber nicht nur Menschen gehen ja eine enge Verbindung miteinander ein. Tiere sind in den letzten Jahrzehnten vom bloßen Nutztier in ihrer Bedeutung in rasanter Weise aufgestiegen. Unsere Haustiere sind zu Partnern geworden. Auch wenn sie den menschlichen Partner nicht ersetzen können, so haben sie vielfach einen emotionalen Stellenwert erreicht, der mit der Position eines Familienmitglieds durchaus vergleichbar ist.
Mein Pferd steht nicht bei mir am Haus. Es steht kilometerweit entfernt und ich brauche sicher zwanzig Minuten, bis ich dort bin. Eine Whatsapp-Nachricht kann ich ihm nicht schicken, bekomme umgekehrt keine von ihm und es ist ebenso wenig möglich, auf die altbewährte Methode zurückzugreifen, derer sich meine Eltern vor mehr als siebzig Jahren bedient haben. Es stellt sich natürlich die Frage „Wozu? Was soll das? Weshalb sollte mein Pferd an mich denken?“ Nein, darum geht es sicher nicht, zumindest nicht direkt. Es geht vielleicht auch um die praktische Frage: „Kann ich spüren, wenn mein Pferd mich braucht?“ „So ein Quatsch“, werden sicherlich viele denken, „wie soll das dann gehen?“ Es gäbe keine wissenschaftliche Erklärung dafür, wenn es ginge, aber das heißt noch lange nicht, dass es nicht funktioniert. Es setzt die Fähigkeit still zu sein voraus

und dann aus tausend Stimmen die eine herauszuhören, wie bei einem alten Röhrenradio den richtigen Sender einzustellen.

Also denk ich mir den Pferdestern und schaue ihn an, ganz gleich, ob der Himmel klar oder bewölkt ist. Ich suche die Stille und stelle mich der Gefahr mir zuzuhören, in mich hinein zu hören. Aus tausend Stimmen höre ich dann die eine heraus und weiß, was zu tun ist. Und wer glaubt, dass das doch blanker Unsinn ist, der soll mir mal das Gegenteil beweisen.

4. Kapitel

Von den Möglichkeiten sich zu entwickeln

Um zu können, was andere können, die wir bewundern, müssen wir oft einen Weg beschreiten, den wir als aufwendig und mühsam ansehen. Manches scheint machbar zu sein, doch so einiges unerreichbar. Neben der Fähigkeit, uns in die Schülerrolle zu begeben (versehen mit dem Glück, die richtigen Lehrer zu finden), verlangt uns das Lernen in der Regel, Geduld, Zeit, innere Kraft und Ausdauer ab. Ausbleibender Erfolg mag vielfach mit einem Mangel am Fehlen einer oder mehrerer dieser Tugenden erklärbar sein, viele Hindernisse liegen aber auch an einer Haltung den eigenen Fähigkeiten und sich selbst gegenüber, die mehr ihre Begrenztheit als ihre Entwicklungsmöglichkeiten in den Fokus rückt.

Meditation:

Vor langer Zeit lebte eine ältere Königstochter, die konnten ihre Eltern nicht verheiraten, denn sie war hart und unbarmherzig, so dass keiner sie mochte. Ihr Wesen war unfreundlich, sie zeigte sich launisch und unbeherrscht und in ihrem ganzen Äußeren spiegelte sich auch ihr Inneres, so dass alle adligen Männer, die eigentlich Interesse an einer Vermählung mit ihr gehabt hätten, sich abgeschreckt fühlten, sobald sie ihr Antlitz gesehen hatten. Dabei war sie keine hässliche Frau. Ihr Körper war wohl geformt und ihre Züge harmonisch geschnitten, doch schien ihr Bosheit und Verbitterung regelrecht aus den Augen zu blitzen. Hinzu kam, dass die Königstochter für Männer meist nicht mehr übrig hatte als Verachtung, Hohn und Spott.

Das Königspaar hatte es resigniert längst aufgegeben, für die Tochter einen passenden Mann zu suchen, zumal diese sich mittlerweile in einem Alter befand, in dem sie keinen Erben mehr hätte zur Welt bringen können.

Eines Tages weilte ein junger Adliger auf dem Schloss zu Besuch und als die Königstochter ihn erstmalig erblickte, verspürte sie eine ihr bislang unbekannte Hitze im Gesicht und ihr Herz schlug höher. Heimlich beobachtete sie den jungen Herren, wagte aber nie ihn anzusprechen. Auch dies war ihr bislang unbekannt, war sie doch ansonsten vor keiner Begegnung zurückgeschreckt. Als sie befürchtete, den Mann wieder ziehen lassen zu müssen, ohne mit ihm zumindest ein paar Worte gewechselt zu haben, entschloss sie sich dazu, sich einer Begegnung zu stellen. Hierzu kleidete sie sich in edle Gewänder, doch als sie dabei in den Spiegel blickte, erschauerte sie. Was für ein Antlitz schaute ihr da entgegen! Sie erkannte ein Gesicht voller Hass und Häme, falschem Stolz und Verbitterung. Da wurde ihr das ganze Ausmaß ihres bisherigen Irrweges, den sie in ihrem gesamten Leben beschritten hatte, deutlich und sie weinte bitterlich. Was hatte sie bloß aus ihrem bisherigen Leben gemacht! Als ihre Tränen getrocknet

waren, rief sie nach ihrer Zofe und gebot ihr, sie zu schminken und ihr Gesicht liebreizend zu gestalten. Die Zofe besaß großes Geschick hierin und als sie ihr Werk vollendet hatte, da schien die Königstochter wie umgewandelt zu sein. Die Zofe hatte sie in eine bezaubernde Frau verwandelt, deren Schönheit und Güte von innen heraus zu strahlen schienen. So kam es, dass sich der junge Adelige in sie verliebte und wenige Monate später geschah das, was das alte Königspaar bislang vergeblich herbeigesehnt hatte: ihre Tochter feierte Hochzeit.
So glückliche Tage hatte die Königstochter bisher noch niemals erlebt. Ihr junger Gemahl trug sie regelrecht auf Händen, ja vergötterte sie. Die Königstochter hingegen war stets darum bemüht, in ihrem Wesen ihrer aufgetragenen äußeren Erscheinung zu entsprechen und sie legte im Umgang mit allen Menschen Achtung, Respekt und Liebe an den Tag. Doch jeden Morgen wurde sie von ihrer Zofe aufs Neue geschminkt. In dunkler Nacht hingegen schminkte sie sich ab und bevor ihr Ehemann die Augen aufschlug, hatte ihre Zofe sie erneut geschminkt. Aber dies blieb dem Ehemann verborgen, da er ja noch schlief. Er nahm sofort nach dem Aufwachen seine Frau zärtlich in die Arme, bewunderte ihre Schönheit, küsste sie und gestand ihr seine Liebe. Eines Tages, das Paar hatte mehrere Jahre in glücklicher Harmonie miteinander gelebt, erkrankte die Zofe an einem Fieber. Sie lag völlig geschwächt danieder und es war ihr nicht möglich die Königstochter in der Frühe zu schminken. Als diese

dann erwachte und die Zofe nicht antraf, geriet sie in Panik. Wenn ihr Mann ihr verhärmtes und hässliches Gesicht sehen sollte, dann würde er sie doch sicher auf der Stelle verlassen. Sie sah ihr Glück schwinden und kämpfte gegen ihre Tränen an.
Da schlug ihr Mann die Augen auf, strahlte sie an wie immer, so als sei nichts geschehen und küsste sie zärtlich. Die Königstochter sprang aus dem Bett und schaute in den Spiegel. Zu ihrer großen Verwunderung sah sie in ein Gesicht voller Anmut, Schönheit und Güte. Hatte die Zofe sie doch geschminkt? Sie rieb mit beiden Händen über ihr Gesicht und stellte fest, dass ihr Gesicht völlig ungeschminkt war und ihr natürliches Aussehen vom prunkvollen Rahmen des Spiegels umrandet wurde.

Übung:

Wir lernen vielfach auch am Modell. Suche dir Modelle, die du beobachtest. Ahme sie nach, verhalte dich wie sie, bewege dich wie sie. Spüre in dich hinein, ob du dabei eine innere Harmonie verspürst und ob dein Arbeiten Fortschritte macht. Vertraue darauf, dass du trotz Nachahmung deinen eigenen Stil entwickeln und deine Arbeit zum dir eigenen Erfolg bringen wirst. Dein Pferd wird dir immer zeigen, ob du dabei auf dem richtigen Weg bist, denn wenn die Arbeitsweise nicht zu dir passt, wirst du emotional nicht kongruent sein und dein Pferd wird dir nicht folgen. Bei dieser Arbeit hast du zwei Trainer: das

Model, an dem du dich orientierst und dein Pferd, das dir Rückmeldung darüber gibt, ob deine Wahl zutreffend ist. Es ist relativ unerheblich, um welche Art der Arbeit es sich dabei handelt, es geht lediglich um deine Art des Umgangs mit deinem Pferd.

Nach(t)gedanken

Die kleine Prinzessin

Manche Dinge werde ich nie richtig verstehen können, dennoch packt mich dabei manchmal so etwas wie eine Ahnung, was bedeuten soll, dass sich etwas zwar verstanden anfühlt, ich es aber mit Worten kaum auszudrücken vermag. So ist es beispielsweise mit den Pferden und dem Glück.

Neulich stand ich vor der Box meines Pferdes, als ich mit einem kleinen Mädchen ins Gespräch kam. Ganz selbstverständlich streichelte sie meinen Ahabb und fragte mich dann: „Liebst du dein Pferd?“

Ehrlich gesagt war mir die Frage etwas peinlich, aber ich dachte mir, man solle Kinder keinesfalls anlügen, denn gerade Kinder merken, wenn man ihnen die Wahrheit verschweigt. So antwortete ich etwas vorsichtig: „Ich denke schon.“

„Ja, das sieht man dir an“, gluckste die Kleine.

Wir lachten beide und das Mädchen fuhr fort: „Wenn man Fotos von Leuten neben ihren Pferden sieht, dann sehen die immer total glücklich aus. Ich glaube, Pferde schenken Menschen Glück. Wenn ich Fotografin wäre - wenn ich groß bin, dann werde ich mal Fotografin - und ich wollte Bilder von glücklichen Menschen machen, dann würde ich sie immer neben ein Pferd stellen.“

Die Kleine gluckste wieder herzerfrischend, dann wurde sie von ferne gerufen und verschwand. Da stand ich nun nach dieser Begegnung und fühlte mich davon seltsam berührt. Die Kleine war so etwas wie eine weibliche Variante des Kleinen Prinzen, so fühlte sich mein Erlebnis zumindest an. Ich vermochte nicht zu sagen, wie alt sie war. Ich weiß nicht woher sie kam, zu wem sie gehörte und ich habe sie seither nicht mehr gesehen. Ich weiß aber, dass sie Recht hatte und hoffe, dass sie irgendwann wieder kommt und mir erklärt, warum das eigentlich so ist, dass Pferde Menschen glücklich machen.

5. Kapitel

Lob und Strafe

Mit Lob und Strafe sollte sehr achtsam umgegangen werden. Generell gilt verschwenderisch zu loben, sich hingegen beim Strafen eher geizig geben. Wichtig ist, dass Lob oder Strafe unmittelbar nach dem erwünschten oder unerwünschten Verhalten erfolgt. Was aber noch viel wichtiger ist, ist Fairness. Um fair und effektiv zu sein, bedarf es innerer Gelassenheit und einer pädagogischen Reife beim Ausbilder. Bevor hierauf eingegangen wird, sollen die Grundprinzipien des Lernens erläutert werden.

Vor mehr als hundert Jahren untersuchte der russische Mediziner und Physiologe Pawlow Verdauungsvorgänge beim Hund. Hierbei entdeckte er ein interessantes Phänomen. Bei der Darbietung von Futter sabberten die Hunde, ihnen „lief quasi das Wasser im Mund bzw. Maul zusammen". Dies war sicher eine altbekannte Tatsache. Doch Pawlow bemerkte, dass seine Hunde nach einer Weile schon begannen zu sabbern, wenn die Schritte seines Assistenten zu den gewohnten Fütterungszeiten auf dem Flur zu hören waren, obwohl die Hunde das Futter weder sehen noch riechen konnten. Pawlow schloss daraus, dass die Hunde das Geräusch der Schritte mit dem Futter in Verbindung brachten und war erstaunt darüber, dass sie körperlich auf die

Schritte ebenso reagierten, wie auf das Futter, nämlich mit Speichelfluss.
Pawlow stellte die Situation mit einem Experiment nach. Er klingelte mit einem Glöckchen, das er als neutralen Reiz bezeichnete, kein Hund sabberte. Dann bot er Futter dar und die Hunde sabberten beim Anblick. Diesen natürlichen Reiz, den Anblick des Futters, nannte Pawlow später „unkonditionierten Reiz". Jetzt ließ Pawlow einige Male das Glöckchen klingeln und bot kurz darauf das Futter dar. Bereits nach wenigen Versuchsdurchgängen reagierten alle Hunde mit Speichelfluss. Der ehemals neutrale Reiz (das Glöckchen) wurde zum konditionierten Reiz und war dazu in der Lage eine autonome körperliche Reaktion auszulösen. Das „Klassische Konditionieren“ war entdeckt.
Das „Klassische Konditionieren“ spielt im Umgang mit Pferden eine sehr große Rolle, da Emotionen klassisch konditioniert sind und Pferde als Fluchttiere sehr emotionale Wesen sein müssen, die (bedauerlicherweise) für Angst sehr empfänglich sind, um so sehr schnell Gefahrensituationen ausweichen zu können.
Ein Beispiel: Eine Trense mit Gebiss verkörpert für das Pferd prinzipiell einen neutralen Reiz. Aufgeregte, grobe und ungeduldige Menschen, Festgehalten werden, laute Stimmen, Schmerzen etc. sind natürlich unkonditionierte Reize, die Angst auslösen. Gewöhne ich das Pferd nicht behutsam an die Trense, wird es in Zukunft Angst davor haben. Der Anblick der Trense wird zum konditionierten Reiz und löst Angst aus, was

zu einem ganz natürlichen Flucht- und Meideverhalten beim Pferd führt. Gestalte ich den Gewöhnungsprozess (natürlich auch das anschließende Reiten!) hingegen durch Freude und Gelassenheit, Sanftheit, eine beruhigende Stimme und Belohnungen angenehm, wird das Pferd etwas Positives mit der Trense in Verbindung bringen.
Problematisch ist, dass generell ein Verhalten niemals gelöscht werden kann, es bleibt immer abgespeichert, auch wenn ich durch sanfte Konfrontationsübungen eine sogenannte Gegenkonditionierung durchführe. Die Angst kann zwar so abgebaut werden, sie bleibt jedoch, auch wenn sie nie mehr gezeigt wird, ‚im Hinterkopf' gespeichert und kann somit durch traumatische Erfahrungen immer reaktiviert werden. Der amerikanische Psychologe Skinner machte die Beobachtung, dass man das Verhalten von Individuen steuern bzw. die Auftretenswahrscheinlichkeiten von Verhaltensweisen durch Lob und Strafe verändern kann. Bei Lob, oder besser „positiven Konsequenzen", die unmittelbar auf ein Verhalten folgen, tritt dieses Verhalten häufiger auf. Hat das gezeigte Verhalten hingegen „negative Konsequenzen" tritt es in Zukunft seltener auf. Voraussetzung dabei ist allerdings, dass die Konsequenzen unmittelbar nach dem Verhalten erfolgen, damit sie damit überhaupt in Zusammenhang gebracht werden. Es gibt zwei Formen von Lob, zum einen eine positive Konsequenz, zum anderen der Wegfall eines negativen Zustandes. Dementsprechend kann die Strafe in einem unangenehmen Reiz oder dem Wegfall einer positiven

Konsequenz erfolgen. Letzteres wäre beispielsweise das Ausbleiben von Lob oder Zuwendung.

Im Umgang mit dem Pferd werden wir beide Lernprinzipien zur Anwendung bringen. Es bedarf jedoch einer großen Geschicklichkeit und Übung, zum richtigen Zeitpunkt die angemessene Konsequenz auf gewünschtes oder unerwünschtes Verhalten folgen zu lassen.

„Gelassenheit“ spielt beim Belohnen und Bestrafen eine große Rolle. Aber bevor hierauf eingegangen wird, sollen sogenannte intermittierende kognitive Prozesse erwähnt werden. Pferde können auf ihre Art und Weise denken! Ein Strafreiz auf respektloses Verhalten, beispielsweise „in den Weg treten“ oder „Zwicken“, wird, sofern der Strafreiz angemessen ist, vom Pferd verstanden und es wird so niemals Vertrauen zerstört. Negative Konsequenzen auf respektloses oder gar aggressives Verhalten sind dem wohl sozialisierten Tier aus dem Leben im Herdenverband und der Erziehung der Mutter bereits vertraut. Strafe ich aber ein für das Pferd neutrales Verhalten unangemessen, nur weil es für den Menschen unerwünscht ist, insbesondere, wenn das Pferd kaum Kontrolle darüber hat, dann zerstöre ich Vertrauen. Ein Beispiel: Ein Hengst schachtet aus und der Mensch schlägt mit der Gerte auf den Schlauch oder ein Pferd hat Angst vor einem Hindernis und der Mensch zwingt das Pferd mit Druck und Gewalt, es dennoch zu nehmen, dann zerstöre ich Vertrauen, auch wenn das Pferd letztlich das gewünschte Verhalten zeigt, aber Vertrauen und Wohlbefinden des

Tieres leiden. Nicht selten sieht man entsprechend gebrochene Tiere in Ställen, die eine solche „Ausbildung" „genossen" haben und so ein Bild des Jammers bieten.

Wir dürfen nicht vergessen, dass mit positiver Verstärkung, d.h. wenn erwünschtes Verhalten positive Folgen für das Pferd hat, viel effektiver ein erwünschtes Verhalten aufgebaut werden kann als mit Strafen. Durch „Zusammenstauchen" wird sich weder ein Mensch noch ein Tier in seiner Leistungsfähigkeit verbessern.

Wichtig ist ein emotionsloses Umgehen mit Strafen. Wir dürfen uns beim Lob freuen, sollten aber bei der Applikation von negativen Konsequenzen möglichst gelassen, ja „cool" bleiben, um nicht übermäßig zu reagieren.

Es geht wieder darum, uns innerlich von unserer eigenen Bedürftigkeit zu leeren, um souverän mit unserem Tier umzugehen. Nichts ist schlimmer, als seinen Ärger oder sogar seine Wut am Pferd auszulassen. „Wenn der Gaul nicht spurt", dann sind wir es, die in der Regel einen Fehler gemacht haben und nicht die uns anvertrauten Pferde. Nicht vergessen werden sollte, dass Tiere auch mal Tage haben, an denen sie sich nicht wohl fühlen und aufgrund ihrer Stimmung oder ihres körperlichen Zustandes nicht so leistungsbereit- und fähig sind, wie gewöhnlich.

Wir sollten eines immer bedenken: Pferde spüren unsere Emotionen an Körperreaktionen, die uns kaum bewusst werden. Ungeduld und Ärger bemerkt unser

Pferd u.U. lange bevor es uns selbst bewusst wird, denn Pferde benötigen als Fluchttiere diese Fähigkeit zum Überleben. Sie spüren die Emotionen ihrer Artgenossen und erleben dieselben Emotionen der in der Nähe befindlichen Tiere in der Herde, insbesondere um schneller auf Gefahrenlagen reagieren zu können. Vermutlich sind auf neurologischer Ebene sogenannte Spiegelneurone hierfür verantwortlich. Diese wurden bislang nur bei Primaten (zu denen ja auch der Mensch gehört) entdeckt. Man hat herausgefunden, dass eine bestimmte Neuronengruppe im Gehirn genauso reagiert wie die Neurone in den Gehirnen von anwesenden Mitgeschöpfen, wenn diese bestimmte Emotionen zeigen.

1. Meditation:

„In der Natur gibt es weder Belohnungen noch Strafen. Es gibt Folgen.“
(Robert Green Ingersoll)

2. Meditation:

Wild ist mein Herz

Meine Seele ist so alt wie die Welt,
doch schlägt mein Herz
wild und verlangend,
wie nach der Geburt
jener Sehnsucht,
die keine Grenzen kennt.

Mit den Schwingen eines Adlers
fliege ich zu dir.
Voller Inbrunst schaut mein Auge
auf dein Bekenntnis
und ich bin an deiner Seite
bis das Donnern meines Hufschlags
und dein Ruf
eins werden mit dem Pulsieren des Universums

denn
wild ist mein Herz.

Übung:

A) Bringe dein Pferd dazu, mit seinem Maul, deine (lockere!) Faust zu berühren. Halte die Faust zunächst ganz dicht an das Pferdemaul und gebe dabei gleichzeitig einen stimmlichen Reiz z.B. das englische Wort „touch". Jedes Mal, wenn das Pferd deine Faust berührt, lobe sowohl stimmlich, als auch mit einem Leckerli (aus der anderen Hand). Zum Aufbau dieses Verhaltens sind sehr viele Durchgänge (mindestens ca. 30) sinnvoll. Es bietet sich also an, Karotten in kleine Scheiben zu schneiden o.ä. Wichtig ist dabei, dass die Belohnung etwa eine Sekunde nach dem erwünschten Verhalten erfolgt. Vergrößere allmählich den Abstand zum Pferdemaul und halte die lockere Faust wechselweise in den verschiedensten Positionen und Abständen vom bzw. zum Pferdekopf. Abgesehen von der Übung im Umgang mit Lob wird es dir mit dieser („Clicker"-)Übung möglich sein, sofern du sie oft genug wiederholst, dir immer wieder die Aufmerksamkeit deines Pferdes zu holen, wenn es abgelenkt ist.

B) Lege eine kurze Gasse mit zwei Stangen und lasse dein Pferd rückwärts durch die Gasse gehen. Natürlich solltest du es loben, wenn die Übung gelingt. Weigert sich dein Pferd oder tritt es über die Stangen, korrigiere dein Pferd völlig emotionslos. Nimm dir nicht vor, dass dein Pferd die Übung am ersten Übungstag korrekt durchführt. Du hast alle Zeit der Welt. Es darf ein ganzes Jahr dauern. Überfordere dein Tier nicht. Wenn es übertritt, sage ruhig „nein" und beginne die Übung erneut. Spare nicht mit Lob. Setze dich durch, aber wende keinen Druck an. Je nach deiner Vorerfahrung wirst du deine Körpersprache zu Hilfe nehmen. Lernziel ist nicht, dass dein Pferd erfolgreich die Übung absolviert. Lernziel ist, dass du gelassen dabei bleibst. Dies ist nur ein Vorschlag und natürlich abhängig vom Ausbildungsstand deines Pferdes. Sollte dein Pferd dies bereits beherrschen, dann steigere den Schwierigkeitsgrad der Übung, indem du mit verschiedenen Stangen Ecken und Biegungen einbaust.

Weiterführende Literatur

Immelmann, Klaus. Scherer, Klaus R. Vogel, Christian. Schmoock, Peter. (1988).
Psychobiologie. Grundlagen des Verhaltens.
Stuttgart, New York. Gustav Fischer Verlag. Weinheim, München.
Psychologie Verlags Union

Nach(t)gedanken

Es ist nur „Instinkt“

Stammtischgespräche können einem auf die Nerven gehen. Aber manche Themen sind doch immer wieder spannend, so auch die Frage: Haben Tiere auch Gefühle? Ich muss gestehen, dass mich die Frage ärgert, ich kann da irgendwie nicht gelassen und geschmeidig bleiben. Ich möchte erklären warum.

Das Erbgut von Mensch und Schimpanse stimmt zu 98.7 % überein. Als ich das vor langer Zeit las, da habe ich mich gefragt: Was bedeutet das eigentlich? Heißt das, wir sind fast zu hundert Prozent Affen oder bedeutet es, dass Schimpansen nur einen Hauch davon entfernt sind Menschen zu sein? Diese und ähnliche Fragen sind bedeutsamer, als es auf den ersten Blick den Anschein erwecken mag, denn sie gehen eng mit der Frage einher, welche Rechte Tiere eigentlich besitzen.

Der französische Philosoph René Descartes (1595-1650) erklärte Tiere zu Maschinen, zu Automaten. Diese ahmten Empfindungen, wie sie der Mensch besitze, als auch Schmerz, nur nach, aber ihre Empfindungen existierten eigentlich nicht. Damit wurde der Ausbeutung und Qual von Tieren ein breiter Weg geebnet, musste man doch kein schlechtes Gewissen haben, Tiere hatten ja laut offizieller Lehrmeinung, wie auch von der Kirche vertreten, keine Empfindungen. So bemerkte ein Zeitgenosse

Descartes, nämlich der Religionsphilosoph Blaise Pascal (1623-1662) sehr treffend: „Niemals begeht man Böses so gründlich und so freudig, als wenn man es aus Gewissen tut.“
Im Biologieunterricht habe ich gelernt, dass Tiere Instinkte haben und ich muss sagen, ich kenne kaum einen tragischeren und unwissenschaftlicheren Begriff als „Instinkt“. Denn mit diesem Begriff wird in tragischer Weise assoziiert, dass Tiere nur Instinkte, also angeborene automatische Reaktionsbereitschaften besitzen und zu höheren Denkleistungen oder gar Bewusstsein nicht befähigt sind. Der Begriff „Instinkt“ muss heute immer noch dafür herhalten, einen vermeintlichen Unterschied zwischen Mensch und Tier zu konstatieren, der aber aus moderner wissenschaftlicher Sicht vielmehr quantitativer als qualitativer Natur ist. Je höher entwickelt ein Tier ist, umso plastischer werden seine Reaktionsweisen und umso mehr ist es dazu in der Lage, nicht automatisiert zu handeln, sondern flexibel und in Abhängigkeit von sowohl den Außenreizen als auch der eigenen Persönlichkeit. Einer solchen Sichtweise möchten wir uns ebenso verschließen wie der Tatsache, dass ein höher entwickeltes Säugetier denken kann, Leid empfinden kann, Schmerz und seinen Tod antizipieren kann.
Führt man dies ins Feld, wird gerne von „Vermenschlichung“ gesprochen. Was hätte es wohl für Folgen für die Nutztierhaltung, wenn wir uns vor Augen hielten, dass Tiere, zumindest höher

entwickelte Tiere, ähnliche Empfindungen haben wie wir?
Als ich neulich das Forschungsergebnis einer Studie zur Kenntnis genommen habe, bei der man zu dem Schluss kam, dass Pferde nicht lieben können, da musste ich schmunzeln. Dies hatte verschiedene Gründe: Zum einen weil Liebe schwer zu definieren ist und zum anderen weil ich gedanklich das Ergebnis der Studie auf den Menschen übertragen habe. Pferde seien zu selbstloser Liebe nicht fähig. Sind Menschen zu selbstloser Liebe fähig? Aus psychologischer Sicht ist diese Frage mit einem klaren „Ja und Nein" zu beantworten. Die moderne Verhaltenspsychologie weist darauf hin, dass wir nur etwas tun, wovon wir etwas haben, sei es dass wir eine Belohnung anstreben oder eine Bestrafung vermeiden wollen. Wenn ich mich hingebungsvoll für einen anderen aufopfere, so mag dies wie ein Akt selbstloser Liebe ausschauen, aber ich habe etwas davon. Ich habe das Gefühl, ein guter Mensch zu sein, ich steigere meinen Selbstwert, ich fühle mich dem anderen nah, ich erlebe ein Glücksgefühl u.v.a.m.
Wer genau hinschaut, der findet im Tierreich ganz ähnliche Verhaltensweisen. Aber da ist es einfach „Instinkt".

6. Kapitel

Wer ist der Gewinner?

Nicht wenige Menschen fragen sich bei Begegnungen oder bei der Kommunikation mit anderen, ohne dass ihnen das so wirklich bewusst ist, ob sie ihr Gegenüber subordinieren, also unterordnen können und wie sie das am besten tun. Waren meine Argumente besser als die meines Gegenübers? Werde ich jetzt respektiert? Habe ich es dem oder der gezeigt? Diese Gedanken mögen für viele auf den ersten Blick als übertrieben gelten, aber schauen wir doch mal etwas genauer hin:
Ganz gleich, ob bei der Kindererziehung, bei der Ausbildung von Hunden oder auch bei der Arbeit mit dem Pferd hängen wir dem Gedanken nach, dass wir einen Erfolg verzeichnen, wenn unser Gegenüber etwas von uns angenommen hat. Gelingt uns dies nicht, geraten wir oft in eine regelrechte Selbstwertkrise und versuchen mit Gewalt unser Vorhaben durchzusetzen, nur damit unser Selbstwert nicht gefährdet ist. Der Hund, der nicht Sitz macht, der wird hart mit dem ganzen Ärger von Herrchen oder Frauchen konfrontiert. Er ist halt stur oder er kommt aus schlechter Haltung, ist traumatisiert. Die Erklärungen für das nicht Erreichen der Subordination sind vielfältig, wenn es in erster Linie darum geht, den eigenen Selbstwert zu erhalten oder zu erhöhen. Sinnvoll wäre hingegen einmal darüber nachzudenken, wie man anders zum Ziel gelangen kann und was man

selbst versäumt hat. Manchmal sind Grundbedürfnisse oder elementare Bedürfnisse nicht befriedigt, manchmal fehlt es an Respekt oder Vertrauen, das zunächst hergestellt werden muss. Wenn der Hund nicht Sitz macht, obwohl der Hundehalter dem nicht schwerhörigen Hund das „Sitz" quasi ins Ohr schreit, dann hat er vielleicht Schmerzen, vielleicht hat der Mensch körpersprachlich widersprüchliche Signale gegeben, vielleicht hat der Hund noch nicht gelernt, dass „Sitz" verbindlich und nicht freiwillig gemeint ist, vielleicht kann er seine Aufmerksamkeit noch nicht fokussieren oder vielleicht hat er noch keine Disziplin erlernt, wenn es am Boden „gut riecht".
Dieses Bedürfnis nach Subordination ist kein Drama und ganz natürlich, allerdings nicht unbedingt zielführend. Dramatisch wird es jedoch, wenn unser Verhalten unflexibel wird und wir gar nicht mehr anders können. Ganz abgesehen davon, dass wir mit dieser Haltung schlechte Pädagogen und Ausbilder sind, denn unser Gegenüber lernt in der Regel nur sehr ungern von einer autoritären Person. Gefragt ist hingegen Autorität, Autorität, die Sicherheit vermittelt. (Während eine „Autorität“ freiwillig Anerkennung und Respekt erhält und der Begriff vornehmlich die Qualität einer Beziehung beschreibt, bezeichnet „autoritäres Verhalten“ vielmehr die missbräuchliche Ausübung von Macht.) Autorität erhält man hingegen nur, wenn man als Pädagoge bzw. Ausbilder sein Gegenüber gewinnen lässt und somit dessen Grundbedürfnisse nach Kontrolle, Selbstwerterhöhung und Lust, aber auch nach Bindung befriedigt, ohne

sein eigenes Ziel dabei aus den Augen zu verlieren. Also handelt es sich wiederum um eine widersprüchliche Gratwanderung. Nur bei guter Laune und Entspannung lässt sich übrigens gut lernen. Stress verhindert hingegen effizientes Lernen. Wie sieht das praktisch aus?

Hier gilt es, zwischen zwei Situationen zu unterscheiden:

A) einem Pferd Respekt beizubringen und für eine Grunderziehung zu sorgen, was u.a. darin zum Ausdruck kommt, dass das Pferd Hufe gibt, nicht vor die Schulter läuft, wenn man es führt, in alle Richtungen weicht, einen nicht rüpelhaft anrempelt oder gar zwickt (besonders bedeutsam bei Hengsten) u.v.a.m.

B) einem Pferd etwas beizubringen, ein Kunststück, eine Lektion, ein Stück Vertrauen.

Für beides gilt: Die Sachebene und die Beziehungsebene sind voneinander zu trennen, wenn ich das Vertrauen meines Tieres nicht strapazieren möchte. Zeigt sich mein Pferd grenzüberschreitend bzw. respektlos, reagiere ich kurz, knapp, emotionslos, aber deutlich. Ich kläre zusätzlich den Konflikt auf einer anderen Ebene. Damit ist gemeint, ich bin in diesem Moment zwar konsequent und gebe nicht nach, löse das Problem aber nicht beim Vorliegen des aktuellen Problems, sondern zu einem Zeitpunkt, den ich bestimme und wenn ich vorbereitet bin. Ich führe zu einem Zeitpunkt, den ich wähle, Übungen durch, durch die ich mein Pferd so bewege, dass es Respekt vor mir hat, so dass es nicht immer und immer wieder punktuell zu Konflikten kommt.

Bei jeder Lektion sollte ich mir jedoch in erster Linie überlegen, was das Ziel meiner Trainingseinheit sein soll. Jeder Partner sollte als Gewinner aus der Trainingsstunde hervorgehen. Ich habe die Verantwortung dafür, dass mein Pferd mit einem Gefühl, etwas gewonnen zu haben, das Training verlässt. Solche Pferde kommen einem auf der Koppel freudig entgegen gelaufen, wenn man sie ruft und strecken einem den Kopf entgegen, wenn man sie halftern oder trensen will. Der Grund dafür ist einfach: Es gilt wieder etwas zu gewinnen und es ist das Vertrauen da, wieder als Gewinner aus der Trainingsstunde hervorzugehen.

1. Meditation

Erinnere dich deiner eigenen Schülerrolle und versuche dich an Situationen oder Lehrer zu erinnern, die dir das Gefühl gegeben haben, etwas zu gewinnen. Wie haben sie das gemacht und wie könntest du das auf dein Pferd übertragen?

2. Meditation

Unsere Pferde geben uns so viel - wir sollten ihnen bei jeder Begegnung etwas zurückgeben.

Wenn mein Herz ein Motor wäre,
dann wärest Du mein Benzin
und wenn meine Seele Flügel hätte,
dann wärest Du der Wind.
Wäre ich stumm,
so hätte ich dennoch Worte
nur für Dich
und wäre ich blind,
so könnte ich Dich dennoch sehen.
Du bist das ABC im Buch meiner Liebe,
der Christoph Kolumbus meiner Sehnsucht,
der Morgentau an heißen Sommertagen.
Und wenn die Abendröte meine Nacht begrüßt,
dann bist Du die Dankbarkeit,
die meine Totenmaske ziert.

Übung:

Baue eine Trainingseinheit auf und formuliere ein schriftliches Ziel für dich und eines für dein Pferd. Evaluiere anschließend euer Training und versuche euren Gewinn einzuschätzen. Was hat dein Pferd heute gewonnen und was hast du dafür getan?

Nach(t)gedanken

Was für ein Tausch!

Hat mein Pferd mich verändert? Die Frage habe ich mir oft gestellt. Eigentlich hatte ich mir ja vorgenommen, mein Pferd zu verändern, also zu trainieren und auszubilden, wenn auch mit fachkundiger Hilfe. Natürlich hat mein Pferd viel von mir gelernt. Aber ich habe auch viel von meinem Pferd gelernt. Allerdings frage ich mich, ob es sich dabei um einen tatsächlich fairen Tausch handelt. Wenn es meinem Pferd auch Spaß macht, geritten zu werden oder ein paar Kunststücke zu beherrschen, so ist der Reingewinn für das Tier unterm Strich eher bescheiden. Gut, ein richtig gerittenes Pferd erhält seine Gesundheit und Kunststücke sorgen für eine mentale Auslastung, alles in allem ergibt dies sicherlich ein ganzes Paket an Zufriedenheit. Ich hingegen streiche weitaus mehr ein. Ich erhalte permanente Rückmeldungen über meine emotionale Verfassung, meine Kongruenz, meine Führungsqualitäten, meine Konsequenz, meine Sensibilität, meine Feinmotorik, mein Grad der Entspannung, meine Geduld und so viel mehr. Auch ein noch so guter Coach wird hier meinem Pferd kaum das Wasser reichen können. Ich bekomme Abenteuer, Glück und inneres Wachstum jeden Moment, den ich mit meinem Pferd verbringe. Was für ein Tausch!

7. Kapitel

Grenzen setzen

Pferde setzen sich Grenzen. Es gibt einen respektvollen Abstand, den Pferde untereinander einzuhalten haben, den aber auch Pferde dem Menschen gegenüber einhalten sollten. Dies bedeutet nicht, dass ich meinem Pferd keinen Körperkontakt gestatten sollte, aber dies sollte nur dann erfolgen, wenn ich das entscheide. Es gibt einem Pferd Sicherheit, wenn sein Mensch dafür sorgt, dass es einen respektvollen Abstand einzuhalten hat und beispielsweise in gebührendem Abstand hinter ihm herlaufen muss.

Eine wichtige Voraussetzung um hier zum Ziel zu gelangen ist zunächst das Spüren der eigenen Grenzen, die Wahrnehmung der eigenen Sicherheitszone. Dies ist für die meisten Menschen viel schwieriger als sich auf den ersten Blick vermuten lässt.

Überlegen wir doch mal. Es gibt Menschen, die haben ein gewisses Charisma, eine Ausstrahlung, da würden wir viel weniger „wagen", als bei anderen. Diese Menschen strahlen eine respektvolle Aura aus, ohne dass sie etwas dafür zu tun scheinen.

Wenn wir dem Pferd gegenüber eine Führungspersönlichkeit sein wollen, dann sollten wir uns auch eine „respektvolle Aura" erarbeiten. Dies kann nahezu eine Lebensaufgabe sein, denn es hat etwas mit innerem Wachstum zu tun. Diese respektvolle Aura strahlt von innen nach außen und man kann sie sich nicht einfach durch Imitation der Körpersprache aneignen, zumal der Versuch oft daran scheitert, dass der Respekt dann einen Hauch von Aggression bekommt, wenn auch ungewollt, denn die Unsicherheit hat zwei Pole, das Vermeiden und das „Vorwärts-Vermeiden" in Form von Aggression.

1. Meditation:

Rufe dir Menschen aus deinem persönlichen Umfeld ins Bewusstsein, die einen wohlwollenden Respekt ausstrahlen. Versuche zu erfassen, was sie fühlen, was sie wohl ausmacht. Phantasiere über ihr Geheimnis.

2. Meditation:

Du spürst es:
Tief in dir ist kristallklare Reinheit,
Tief in dir ist große Sanftmut,
Tief in dir ist zügellose Wildheit,
Tief in dir ist überlegene Führung,
Tief in dir ist unendliches Vertrauen.
Dann begegnest du deinem Pferd
Und es bringt alles zutage und kehrt
Dein Innerstes nach außen.
Hab den Mut du selbst zu sein
Und vertraue deinem Pferd.

Übung:

Für diese Übung brauchst du nicht dein Pferd, aber einen Menschen, dem du vertraust. Die Übung kann viel in dir auslösen, deshalb sei sorgsam in der Auswahl deines Übungspartners und achte darauf, dass ihr ungestört seid. Ihr benötigt einen großen Raum, die Übung kann aber auch im Freien durchgeführt werden, wenn man ungestört ist.
Stelle dich gerade vor eine Wand oder frei und platziere deine Übungspartnerin bzw. deinen Übungspartner etwa zehn Schritte von dir entfernt hin. Nun bitte deinen Übungspartner ganz, ganz langsam und vorsichtig, also mit kleinen Schritten, auf dich zuzugehen. Deine Aufgabe besteht darin, in dich hinein zu horchen/dich einzufühlen und anhand deiner Körperreaktionen zu spüren, wann dein Übungspartner nicht weiter näher kommen sollte. Es ist überhaupt nicht schlimm, wenn du am Anfang glaubst, nichts zu spüren und dein Partner mit dir am Ende Nase an Nase vor dir steht. Ebenso wenig stellt es ein Problem dar, wenn dein Partner nur wenige Schritte tun darf und du möchtest ihn nicht näher kommen lassen. Jeder von uns hat seinen ganz persönlichen Radius bzw. Schutzraum, in den er andere nicht eindringen lassen möchte und da gibt es kein richtig oder falsch.
Ziel ist es aber beim ersten Teil der Übung, deine Wahrnehmung hierfür zu stärken. Spürst du irgendwo ein Kribbeln, eine Verspannung der Schultern, ein

Druckgefühl im Bauch, eine innere Hitze, eine veränderte Atmung, einen beschleunigten Puls oder irgendetwas anderes? Wenn ja, dann erlaube dir, dies als ein Signal für deine Grenze anzusehen. Wenn dir dein Körper das Zeichen gibt, dein Partner soll nicht mehr näher kommen, quittiere dies mit einem deutlich ausgesprochenen „Stopp!" oder „Halt!"
Diese Übung sollte an einigen Tagen hintereinander so oft wiederholt werden, bis man deutlich die eigenen körperlichen Signale spürt, die einen zum Setzen von Grenzen veranlassen.
Der zweite Teil der Übung besteht darin, klar und deutlich mit fester Stimme „Stopp!" oder „Halt!" zu sagen, ohne aggressiv auf dein Gegenüber zu wirken. Hier bist du auf die ehrlichen Rückmeldungen deines Partners angewiesen, traue aber auch ruhig deiner eigenen Wahrnehmung.
Im nächsten Schritt unterstreichst du dein „Stopp!" oder „Halt!" mit einem angemessenen körpersprachlichen Ausdruck. Entwickle eine Körperhaltung und Körperspannung, bei der es dein Gegenüber kaum noch wagen würde, näher zu kommen. Vielleicht stehst du am Ende wie ein Kampfsportler mit angewinkelten Knien und streckst einen Arm nach vorne, vielleicht ist für dich aber auch eine völlig andere Körperhaltung passend.
Vergiss dabei nicht, dass dein Partner jedes Mal die gleiche Strecke in gleichem Tempo zu absolvieren, also auf dich zuzugehen hat.
In einem weiteren Schritt lässt du den Verbalteil weg. Du verzichtest auf „Stopp!" oder „Halt!" und

versuchst, deinen Partner lediglich mit deiner Körpersprache zum Anhalten zu bringen.
Die letzte Stufe der Übung besteht darin, den körpersprachlichen Ausdruck immer weiter zu minimieren, bis er kaum noch sichtbar also quasi zur „kleinen Hilfe“ geworden ist.
Es kann Stunden, aber auch Monate dauern, bis du zufrieden mit deiner Performance bist. Lass dich nicht davon entmutigen, wenn es dauert. Die Mühe lohnt sich, nicht nur für die Arbeit mit deinem Pferd. Eine interessante Variante der Übung ist die folgende: Dein Partner missachtet dein erstes Signal, ganz gleich, ob körpersprachlich, verbal oder in Kombination und geht einfach langsam weiter. Jetzt besteht deine Aufgabe darin, mit einem (noch) deutlicheren Signal, die Ernsthaftigkeit deiner Grenzsetzung zu unterstreichen.
Überprüfe die Fortschritte deiner Arbeit an deinem Pferd. Einen ehrlicheren und sensibleren Partner wirst du nicht finden. Dein Pferd wird dir zurück melden, inwieweit du hier Fortschritte gemacht hast. Je weniger Ausbildung das Pferd bisher genossen hat, mit dem du arbeitest, umso strenger wird es mit dir sein.

Nach(t)gedanken

Gedanken zum Training von Pferden

Pferde haben teilweise andere Bedürfnisse als „ihre“ Menschen. Sicherlich mögen sie, sofern es der Mensch richtig anpackt, gerne bewegt, gymnastiziert und geritten werden. Doch verfolgen sie mit der Arbeit sicherlich keine langfristigen Ziele. Damit das Pferd auch über einen langen Zeitraum motiviert mitarbeitet, ist unbedingt den körperlichen und mentalen Bedürfnissen des Tieres Rechnung zu tragen. Abgesehen von der Gewährleistung eines schmerz- und beschwerdefreien Trainings ist auch für die „geistige Auslastung“ zu sorgen. Ein Pferd, das lediglich longiert und in der Halle nach immer demselben Schema geritten wird, ist unterfordert und wird jegliche Freude an der Arbeit verlieren.
Pferde bauen bei richtiger Arbeit sehr schnell Muskeln auf. Sind sie alt genug und sind somit alle Wachstumsfugen geschlossen, können sie auch belastet werden. Allerdings ist hierbei zu beachten, dass der Aufbau der Muskulatur allein nicht ausreichend ist, um ein körperlich belastbares Pferd zu erhalten. Durch die Arbeit und die damit einhergehende Belastung verbessert sich ebenso die Knochendichte wie die Festigkeit des Hufs. Außerdem muss die relativ schnell gewachsene Muskulatur auch angemessen versorgt werden. Feine Kapillare wachsen hierzu, um das Gewebe zu durchbluten. Alle diese

Prozesse benötigen jedoch viel mehr Zeit als der pure Aufbau der Muskulatur. Dem ist unbedingt Rechnung zu tragen.
Der Aufbau der Muskulatur benötigt Energie. Sicherlich ist es sinnvoll, sein Pferd recht schlank zu halten. Zum Muskelaufbau wird Eiweiß benötigt. Hafer ist ein guter Eiweißlieferant. Er kann direkt nach dem Training verfüttert werden und stellt dabei zusätzlich eine Belohnung nach getaner Arbeit dar. Aber hier ist Vorsicht geboten. Nicht selten erhalten unsere Pferde viel mehr Eiweiß, als sie eigentlich benötigen. Und dieses Überangebot an Protein belastet Leber und Nieren!
Muskeln werden nicht während des Trainings aufgebaut, sondern während der Regeneration. Wenn mit der Arbeit begonnen wird, benötigt das Pferd noch längere Regenerationszeiten. Hier kann es sinnvoll sein, auch einmal zwei oder drei Tage zu pausieren. Mit zunehmendem Aufbau regeneriert sich das Pferd immer schneller und es kann immer häufiger gearbeitet werden. Dennoch findet der Muskelaufbau bzw. Erhalt in der Regenration statt. Ein sogenanntes Übertraining, eine Folge fehlender Regeneration, führt neben der Gefahr gesundheitlicher Schäden und Lustlosigkeit zu deutlichen Leistungseinbußen. Empfehlenswert ist deshalb ein Trainingsplan mit sogenannten Mikro- und Makrozyklen mit steigenden Anforderungen. Ein Mikrozyklus wäre beispielsweise das Trainingsprogramm für eine Woche oder einen Monat, ein Makrozyklus der Arbeitsplan für eine ganze Saison. Jeder Zyklus beinhaltet wechselnde

Belastungen und Regenrationsphasen. Beim Springen werden beispielsweise andere Muskeln beansprucht als beim Ausdauertraining oder der Dressurarbeit. Dies bedeutet neben den ebenso erforderlichen Ruhezeiten auch Regenerationsmöglichkeiten für die dann weniger beanspruchte Muskulatur, wenn ich mein Training variabel gestalte.

Beanspruchte Muskulatur will auch gedehnt werden. Longieren vor der Arbeit und Reiten im Schritt oder Führen des Pferdes nach dem Training ist nicht genug.

8. Kapitel

Vom Umgang mit Rückschritten und Niederlagen

Rückschritte und Niederlagen gehören zu jeder ambitionierten Arbeit dazu, auch zu der Arbeit mit dem Pferd. Unzählige Beispiele ließen sich hierfür anführen. Manchmal kommen wir einfach nicht weiter, manchmal sind es körperliche oder seelische Blockaden, die uns den Weg versperren und manchmal stellen sich Angst und Ungeduld wehrhaft in unseren Weg. Dem Thema Angst soll an anderer Stelle noch eine besondere Bedeutung zukommen. Für das aktuelle Kapitel wird insbesondere der meditative Zugang in den Fokus gerückt.

Aber wieder möchte ich Gegensätze betonen, die, so widersprüchlich sie auch sein mögen, alle Gültigkeit besitzen. Wenn es nicht weitergeht, dann ist es sinnvoll inne zu halten, eine Weile nichts zu tun, bis du spürst, was für dich richtig ist:

A) Beharrlich deinen Weg weitergehen, ähnlich wie in der Fabel vom Frosch, der in den Milchtopf gefallen ist und nicht mehr herauskommt.
Als Frosch denkt er nicht. Er macht lediglich das, was ein Frosch am besten kann: er strampelt. Als nach drei Tagen seine Kräfte beginnen nachzulassen, da hat er die Milch zu Butter geschlagen und kann hinausspringen.

Hätte er gedacht wie ein Mensch, dann wäre ihm die Unmöglichkeit seines Entkommens deutlich geworden und er hätte aufgegeben.

B) Wenn sich alles verändert, dann verändere auch alles.

1. Meditation:

Der Umweg ist das Ziel.
(Reinhold Messner)

2. Meditation:

Es war einmal ein Mann, der wollte einen Berg besteigen. Es war ein hoher Berg, der sehr hohe Anforderungen an einen Bergsteiger stellte. Als der Mann seine mehrtägige Bergtour begann, sah er den schneebedeckten Gipfel weit vor sich in der Sonne blitzen. Voller Tatendrang schritt er voran, um bis zum Nachmittag seine erste Etappe zu bewältigen. Wie geplant erreichte er sein Tagesziel und fiel in einen erholsamen Schlaf. Zuvor phantasierte er glücklich über sein Vorhaben und freute sich darüber, wie gut er vorangekommen war. Am nächsten Morgen brach er lange vor der Dämmerung auf und machte sich an den ersten ernst zu nehmenden Aufstieg. Zufrieden erreichte der Bergsteiger eine Stunde früher als

geplant, ohne Ermüdungserscheinungen, sein zweites Etappenziel.
Als der Bergsteiger am nächsten Tag gedankenverloren seinen Aufstieg fortsetzte, hielt er kurz inne um sich umzuschauen. Da sah er, wie sich ihm aus der Ferne eine Gestalt näherte, die zügig den Bergkamm emporstieg und rasch näher kam. Er wollte seinen Augen nicht trauen, als er bald einen alten Mann mit einem Wanderstab entdeckte, dem er schon allein aufgrund seines Alters ein solches Tempo, wie er es an den Tag legte, niemals zugetraut hätte. Der Wanderer grüßte freundlich und fragte, ob er sich dem Mann anschließen könne, was dieser freudig bejahte, denn am dritten Tag fühlte er sich schon etwas einsam. So schritten beide Männer mit kräftigem Schritt voran. Doch blieben die Gespräche, die sich der Bergsteiger erhofft hatte, am Anfang ihrer gemeinsamen Wanderschaft aus. Er hatte einen stummen Gesellen an seiner Seite.
Unterdessen schien der Gipfel in greifbare Nähe gerückt zu sein. Majestätisch ragte er der Sonne entgegen und der Schnee glitzerte, als sei die Bergspitze von unzähligen Diamanten bedeckt.
„Wir haben es bald geschafft“, sagte der Bergsteiger, wohl auch, um ein Gespräch mit dem Alten in Gang zu bringen. Der Alte lächelte versonnen.
„Warum gehst du diesen Weg?“, fragte er den Mann.
„Weil ich auf den Gipfel will“, lachte der Bergsteiger, „und du?“
„Weil ich gerne diesen Weg gehe oder einen anderen. Im Moment gehe ich gerne an deiner Seite.“

Der Bergsteiger schaute irritiert den Alten an: „Hast du kein Ziel, möchtest du nicht auf den Berg, also diesen Gipfel bezwingen?“
„Doch schon“, lachte der Alte.
Beide Männer gingen nun eine ganze Weile wieder schweigend nebeneinander her. Der blanke Fels war mittlerweile einer geschlossenen Schneedecke gewichen und der Aufstieg wurde immer steiler. Dafür schien der Gipfel jetzt in weniger als einer Stunde Entfernung vor ihnen zu liegen. Voll freudiger Erregung strahlte der Bergsteiger den Alten an.
„Wir sind gleich oben.“
„Mein Freund“, lächelte der Alte, blieb stehen und hielt den Mann am Ärmel seiner Jacke fest. „Was wirst du tun, wenn du den Gipfel bezwungen hast?“ „Die Aussicht genießen und dann wieder absteigen“, lachte der Bergsteiger.
„Du magst den Abstieg?“, fragte der Alte.
„Nein, eigentlich nicht“, entgegnete zögerlich der Mann.
„Dann erfreue dich am Aufstieg“, lächelte der Alte und verneigte sich zur Verwirrung des Bergsteigers leicht vor dem Gipfel.
Als beide Männer eine Stunde später den vermeintlichen Gipfel erreicht hatten, da zeigte sich, welcher Täuschung der Bergsteiger erlegen war. Sie standen zwar beide auf einem kleinen Gipfel, aber dieser hatte ihnen lediglich den Blick auf den eigentlichen Gipfel verstellt. Dieser prangte noch in weiter Ferne vor ihnen und es schien fast so, als hätten sie gar keine große Entfernung zurückgelegt. Um zum

Gipfel zu gelangen, mussten sie noch einmal in ein tiefes Tal hinabsteigen und auf der anderen Seite die gegenüberliegende Wand des Berges erklimmen.
„Oh, wie ernüchternd!", rief der Bergsteiger aus.
„Ich liebe diesen Weg", raunte der Alte ihm zu. „Wollen wir mal schauen, ob es sinnvoll ist, hier geradeaus weiterzugehen? Es könnte sein, dass auch der Weg über den Westkamm Erfolg versprechend ist. Aber eigentlich ist es ganz gleich."
Der Bergsteiger setzte sich in den Schnee. Er spürte nun seine ganze Müdigkeit, seine Erschöpfung und Enttäuschung.
Der Alte schien in ihn hineinblicken zu können. Er legte ihm freundlich die Hand auf die Schulter und flüsterte ihm zu:
„Bedenke, du bist Bergsteiger und kein Gipfelsteher. Bergsteigen ist ein Prozess und auf dem Gipfel Stehen ein Moment. Momente gehen vorbei, aber Prozesse halten an."
Der Bergsteiger nickte stumm und stand auf. „Als ich erstmals diesen Weg beschritten habe", fuhr der Alte fort, „da musste ich kurz vor dem Gipfel umkehren, da ein Unwetter den weiteren Aufstieg nicht zuließ. Erst in der nächsten Saison war es möglich, mein Vorhaben zu wiederholen. Aber hier wiederholte sich mein Schicksal aus dem vergangenen Jahr und im dritten Jahr rutschte mein Gepäck den Abhang hinab. Ich musste umkehren. Im vierten Jahr habe ich den Gipfel erreicht."
„Du warst schon oben?", rief der Bergsteiger aufgeregt. „Warum willst du dann noch einmal

hinauf?“ „Weil ich den Weg liebe“, lächelte der Alte. „Das, was dir jetzt widerfahren ist, wird dir immer und immer wieder passieren. Du glaubst den Gipfel vor dir zu haben, kletterst hinauf, nur um festzustellen, dass du wieder durch ein Tal oder zumindest eine kleine Senke gehen musst, um dich dem Gipfel zu nähern. Lerne den Weg zu lieben und du wirst auf Adlers Schwingen zu jedem Gipfel getragen werden.“

Der Bergsteiger hatte sich wieder in Bewegung gesetzt. Sein Gesichtsausdruck war völlig entspannt und jetzt lächelte auch er versonnen vor sich hin. Als er sich umschaute, war der Alte verschwunden, aber er wusste, dass er sich das alles nicht eingebildet hatte.

Nach(t)gedanken

Dein Bauchgefühl

Immer wieder gibt es Zeiten, während derer du das Gefühl hast, nichts geht voran, alles läuft dir zuwider. Was gestern noch einfach schien und gut funktionierte, widersetzt sich dir heute mit aller erdenklichen Kraft. Der Durchbruch, den du gestern noch gefeiert hast, erscheint dir so fern, wie aus einer anderen Welt zu sein. Wenn Nebel dir die Sicht versperrt und du einmal nicht weiter weißt, dann besinne dich darauf, was Nebeltropfen verdunsten lässt: Wärme. Wie in der Natur, die Sonne den Nebel verdunsten lässt, so ist es in der Arbeit mit deinem Pferd die Wärme deines Herzens, die deinem Verstand wieder einen klaren Blick verleiht. Sie lässt die Nebeltropfen verdunsten. Besinne dich auf das, was dich eigentlich angetrieben hat. Vertraue dir und deinem Bauchgefühl.

9. Kapitel

Umgang mit Angst
(Angst beim Menschen und Angst beim Pferd)

Teil 1

Allgemeine Grundlagen

Angst ist das Gefühl, das entsteht, wenn das Grundbedürfnis nach Sicherheit verletzt wird. Grundsätzlich ist Angst eine der wichtigsten Emotionen, da Angst das Gefühl ist, das uns in unsagbarer Schnelle vor Gefahren warnen und so unser Leben retten kann. Leider korrespondieren die subjektive Einschätzung, was gefährlich ist und das objektive Ausmaß einer Gefahrenquelle nicht unbedingt miteinander. Dies macht es uns oft schwer, denn …

… nicht alles, wovor wir Angst haben ist gefährlich.
… nicht alles, was gefährlich ist, macht uns Angst.
Und
… wir dürfen uns dazu entscheiden etwas zu tun, obwohl es gefährlich ist, dabei ist es jedoch sinnvoll, Gefahrenquellen möglichst zu minimieren und sich über die Folgen unseres Handelns bewusst zu sein.
Und
… wir dürfen uns immer dazu entscheiden, etwas nicht zu tun, ganz gleich ob es gefährlich ist oder nur

von uns als gefährlich eingeschätzt wird. Wir sind frei in unserem Handeln.
Es gilt auch: Nur phantasielose Menschen haben keine Angst! Überlebt haben seit Millionen von Jahren immer die Individuen, die eine ordentliche Portion Angst hatten.
Und:
Für die Bewältigung von Ängsten muss auch der richtige Zeitpunkt sein. Den verrät uns in der Regel unser „Bauchgefühl“.

Angst hat physiologische Grundlagen. Im Gehirn befinden sich verschiedene Regionen, die bei Angst eine wichtige Rolle spielen. Wir sollten sie kennen, um die Angst besser begreifen zu können. Hier haben der Mensch und das Pferd einiges gemein.
Die Amygdala (Mandelkern) ist verantwortlich für die blitzschnelle Einschätzung oder das Wiedererkennen einer Situation als gefährlich. Wie ein Hochleistungscomputer entscheidet die Amygdala in rasender Geschwindigkeit, ob eine solche Situation, wie sie gerade auftritt, schon einmal als Gefahr in Erscheinung getreten ist, denn alle traumatischen Erlebnisse bleiben hier gespeichert. Ist dies der Fall, werden die Systeme von Mensch oder Tier blitzschnell „hochgefahren“ und es kommt zur Kampf- oder Fluchtreaktion. Beim Pferd überwiegt aufgrund seiner Veranlagung natürlich die Flucht.
Leider, aber auch verständlicherweise, bewerten Menschen und Pferde Gefahrenquellen sehr unterschiedlich. Während eine Pfütze für das Pferd

bedrohlich sein kann, bleibt der Mensch hier gelassen, plötzlich heran galoppierende Fremdpferde wird unser Pferd vielleicht eher interessant finden, wohingegen wir uns mit plötzlicher Panik konfrontiert sehen mögen. Die Informationen, die die Amygdala erfasst hat, wird über den Hippocampus an den präfrontalen Kortex weitergeleitet. Der Hippocampus ist verantwortlich für die räumliche Orientierung, aber auch für das Abspeichern neuer Informationen im Gehirn und der präfrontale Kortex ist die Schaltstelle im Gehirn, die Bewertungen vornimmt. Hier werden emotionale Erlebnisse verarbeitet und es wird über Lösungen nachgedacht. Die Amygdala ist ein alter Teil des Gehirns, d.h. Lebewesen haben diesen Teil schon vor hunderten von Millionen Jahren besessen und konnten so blitzschnell auf Gefahren reagieren, als sie noch nicht so hoch entwickelt waren, dass sie über komplexe Gegebenheiten nachdenken konnten. Diese Priorisierung unseres Gehirns macht ja Sinn, denn würde man erst lange darüber nachdenken müssen, ob etwas gefährlich ist oder nicht, würde man sicher nicht lange überleben. Wenn wir etwas gegen unsere Angst oder die Angst unseres Pferdes tun möchten, dann müssen wir den Datensatz, der quasi von der Amygdala, dem Hippocampus und dem präfrontalen Kortex gespeichert wurde, überschreiben. Überschreiben bedeutet, dass wir die gleiche oder eine vergleichbare Situation, die als gefährlich bewertet wurde, erneut aufsuchen und wir und/oder unser Pferd jetzt die Erfahrung machen, dass die erste

Einschätzung falsch war und tatsächlich keine Gefahr (mehr) besteht.
Man setzt ein Individuum dem Angstreiz aus, konfrontiert es quasi damit und es kommt dann zu einer sogenannten Habituation, einer Gewöhnung.
Gemeint ist, dass das Nervensystem sich an den Reiz gewöhnt und eine Beruhigung, ja Entspannung eintritt.
Meidet man hingegen die Gefahrensituation, wird dies als Bestätigung ihrer Gefährlichkeit erlebt und die Angst verfestigt sich.
Schaffen wir es jedoch möglichst viele Situationen, auch solche, die bereits einmal als gefährlich erlebt wurden, uns und/oder unserem Pferd angenehm und entspannt (wieder) erleben zu lassen, dann sind wir auf dem richtigen Weg Angst zu bewältigen. Wir überschreiben die negativen Erfahrungen, wenn diese auch niemals vollends gelöscht werden können. Zur Angstvermeidung wäre es deshalb natürlich sinnvoll, bereits das junge Pferd möglichst früh an ganz viele Situationen zu gewöhnen, die es als gefährlich ansehen könnte, es quasi zu desensibilisieren. Dann muss weniger überschrieben werden, da gleich überwiegend positive Erfahrungen auf dem Plan stehen. Aber nicht jeder hat die Gelegenheit, Pferde von ihrer Geburt an zu betreuen und auszubilden.

Um dem Pferd die Angst zu nehmen, sollten wir selbst möglichst entspannt sein, denn wie wir schon gehört haben, nehmen Pferde als Flucht- und Herdentiere über die verschiedensten Kanäle unsere Erregung und

Angst sofort wahr und sie nehmen ebenfalls wahr, wenn wir nur so tun, als hätten wir keine Angst. Die physiologischen Reaktionen bei Aggression, dem Kampfimpuls, also der alternativen Reaktion auf Gefahr, sind denen der Angst sehr ähnlich, ja nahezu identisch. Wenn wir also ärgerlich oder wütend mit unserem Pferd umgehen, spürt es das und wir vergrößern so seine Angst.

Zusammenfassend kann man sagen, dass eine Angstbewältigung für das Pferd nur funktioniert, wenn wir uns zunächst unseren eigenen Ängsten stellen. Eine entsprechende Vorgehensweise auf psychologisch praktischer und auf meditativer Ebene wird deshalb in den folgenden Teilen 2 und 3 beschrieben.

Weiterführende Literatur:

Grawe, Klaus. (2004). Neuropsychotherapie. Göttingen, Bern, Toronto, Seattle, Oxford, Prag. Hogrefe Verlag

Nach(t)gedanken

Was bleibt am Ende?

Was bleibt am Ende unseres Lebens? Es ist die süße Erinnerung an diejenigen, mit denen wir ein Stück Weg gemeinsam zurücklegen durften. Hätten wir gewusst, wie kostbar jeder einzelne Schritt ist, wie langsam wären wir gegangen, ja wir hätten unseren Weg gerade erst begonnen.

10. Kapitel

Umgang mit Angst

Teil 2

Entspannung gegen Angst

Der Mensch hat sich vor Millionen von Jahren entwickelt. Gnadenlos hat die Natur dabei eine Selektion vorgenommen. Nur die Individuen, die dazu in der Lage waren sich an die jeweiligen Umweltbedingungen anzupassen, konnten überleben und sich vermehren. Wer glaubt, dass nur die Starken und Mutigen überlebt haben, der irrt ganz gewaltig. Der von Darwin geprägte Begriff „Survival of the fittest" bedeutet nämlich nicht, dass das Individuum überlebt, das am „fittesten" ist, wie es oft fälschlicherweise verstanden wird, sondern das Individuum, das über die beste Anpassungsfähigkeit verfügt. („Fit" bedeutet „passen" und nicht „fit sein".) Um sich anzupassen, benötigt man Angst. Denn nur wer Angst hatte, konnte in der rauen Urzeitwelt Gefahren rechtzeitig erkennen und überleben. Die Fähigkeit Angst zu empfinden und somit rechtzeitig auf Gefahren zu reagieren, wurde von Generation zu Generation weiter vererbt. Wer diese Fähigkeit nicht besessen hat, starb vermutlich, bevor er sich vermehren und sein Erbgut weitergeben konnte. Die

Krone der Schöpfung besteht also weniger aus Helden als aus einer Selektion von Angsthasen.
Aber wir wollen ja auch unsere Ängste überwinden, insbesondere dann, wenn sie uns daran hindern, unsere Ziele zu verfolgen. Der erste Schritt im Umgang mit der Angst ist der, mir genau bewusst zu machen, wovor ich Angst habe oder aber mein Pferd Angst hat. Es ist sinnvoll dies aufzuschreiben.

Beispielsweise könnte jemand aufschreiben:

Ich habe Angst davor, dass …
… mein Pferd mich umrennt.
… mein Pferd mich tritt, wenn ich hinter ihm stehe.
… mein Pferd mit mir durchgeht, los galoppiert und ich die Kontrolle verliere.
… ich vom Pferd falle und mir meine Knochen breche.

Erst wenn ich meine Befürchtungen genau definiert und erfasst habe, kann ich sie im Hinblick auf ihre Berechtigung beurteilen und so auch bekämpfen.

Der nächste Schritt ist der, aufzuschreiben, wie groß meine Angst vor bestimmten Situationen ist.

Das heißt konkret: Wenn du deine Ängste aufgeschrieben hast, werden sie fassbar. Nun kannst du entscheiden, wie begründet oder unbegründet sie sein mögen. Schätze die Wahrscheinlichkeit in Prozent ein, mit der die von dir befürchteten Ereignisse tatsächlich eintreten und schreibe dahinter, welche realen Möglichkeiten du hast, dies zu verhindern. Ebenso kann es sinnvoll sein, die von dir vermuteten Ursachen für deine Ängste zu notieren.

Beispiel:

Ich habe Angst vom Pferd getreten zu werden. Das Ausmaß dieser Angst würde ich auf 70 Prozent schätzen. Die Wahrscheinlichkeit, dass ein solcher Tritt erfolgt, schätze ich als eher gering ein. Sie liegt nach meiner Einschätzung unter 5 Prozent oder noch niedriger. Dass ich Angst habe, liegt daran, dass ich vor einem halben Jahr einen heftigen Tritt von meinem Pferd abbekommen habe und ich wochenlang starke Schmerzen im Oberschenkel hatte. Eigentlich habe ich dabei noch Glück gehabt, denn wäre mein Knie getroffen worden, hätte der Tritt böse für mich ausgehen können. Dieser Gedanke vergrößert meine Angst sogar noch.
Jetzt traue ich mich manchmal nicht, um mein Pferd herum zu gehen oder hinter meinem Pferd zu stehen. Es fällt mir auch schwer, meinem Pferd die Hufe, insbesondere die Hinterhufe auszukratzen. Wenn das Pferd nur einmal zuckt, lasse ich den Huf sofort fallen. Seit mein Pferd dies bemerkt hat, will es mir auch nur noch wiederwillig die Hufe geben. Dadurch wird meine Angst oft noch größer.
Passiert ist das damals, als ich hinter meinem Pferd stand und jemand anderes sein Pferd an uns vorbei

führte. Der Tritt galt nicht mir, sondern einem neuen Pferd im Stall, das mein Pferd noch nicht kannte. Was ich tun kann, um so etwas in Zukunft zu vermeiden: Ich habe mein Pferd schon vier Jahre und es hat noch nie nach mir getreten. Mein Pferd ist gutmütig. Auch wenn sein Verhalten in diesem Moment respektlos gewesen sein mag, so liegt der Fehler doch in erster Linie bei mir. Es ist wohl fahrlässig hinter einem Pferd stehen zu bleiben, wenn ein anderes Pferd, zumal es noch unbekannt ist, vorbei läuft. Solche Vorfälle kann ich durch eine entsprechende Vorsicht in Zukunft vermeiden, beispielsweise kann ich darum bitten, dass der andere einen kleinen Moment wartet, bis ich eine andere, für mich ungefährliche Position eingenommen habe und erst dann sein Pferd an meinem vorbei führt.

Mache Dir jedoch klar, dass der Umgang mit Pferden immer ein reales Risiko beinhaltet, insbesondere das Reiten. Menschen sind beim Reiten schon zu Tode gekommen, aber auch beim Fahrrad- oder Autofahren. Frage dich, ob du dazu bereit bist, das Risiko einzugehen. Falls du unschlüssig bist, akzeptiere deine Unschlüssigkeit und gebe Dir Zeit und Raum für eine von dir angestrebte Veränderung. Denke daran: Nur den „Ängstlichen“ ist es zu verdanken, dass die Menschheit nicht ausgestorben ist.

Nimm dein Pferd und gehe mit ihm spazieren. Erzähle deinem Pferd von deinen Ängsten und davon, was du dir von ihm wünschst. Lass dich davon überraschen, was dann passiert.

Entspannung - die Unvereinbarkeit mit der Angst

Wie wir im letzten Kapitel gelesen haben, registriert unser Gehirn eine Gefahr, so reagiert es blitzartig und unser Körper wird durch vielfältige Prozesse aufs Überleben vorbereitet. Unter anderem spannt sich die Muskulatur an, so dass wir bereit für einen Kampf oder eine Flucht sind.

Die Gazelle, die den jagenden Löwen bemerkt, wird beispielsweise versuchen, diesem mit kraftvollen Bewegungen zu entfliehen. Sobald sie ihm entkommen ist, entspannt sich ihre Muskulatur wieder. Jetzt führen nicht nur Nervenbahnen vom Gehirn zur Muskulatur, sondern es werden umgekehrt auch Informationen über die Nervenbahnen von der Muskulatur zum Gehirn geleitet (sogenannte afferente Nervenbahnen, im Gegensatz zu den efferenten Bahnen). Wenn die Muskulatur entspannt ist, registriert dies das Gehirn und die muskuläre Entspannung sorgt nunmehr auch für eine psychische Entspannung. Zusammenfassend kann man sagen, wenn ich so richtig locker bin und mich wohl fühle, dann ist auch meine Muskulatur entspannt und wenn meine Muskulatur entspannt ist, dann empfinde ich auch Gelassenheit. Entspannung und Angst sind nicht kompatibel, denn Angst bereitet mich automatisch auf Kampf oder Flucht vor und dabei spannt sich meine Muskulatur zwangsläufig automatisch an.

Dies bedeutet aber auch: Wenn wir unsere Muskulatur entspannen, können wir zu einer inneren Ruhe gelangen.

Ein probates Mittel hierzu ist die progressive Muskelentspannung oder progressive Muskelrelaxation, kurz PMR. Jacobson, der Begründer dieses Entspannungsverfahrens, ging davon aus, dass es sinnvoll bzw. ein Ziel sei, seine „Muskelsinne zu kultivieren". Dies bedeutet praktisch, wenn ich dieses Verfahren anwende, dann schule ich meine Wahrnehmung dafür, ob ich verspannte Muskeln habe oder nicht, ob ich angespannt bin oder nicht und nach Wochen der regelmäßigen Übung, bin ich auch dazu in der Lage, meine Muskulatur bzw. meinen Körper sehr rasch zu entspannen.
Ein Pferd bemerkt Anspannung sofort. Jeder Reiter kennt dies. Aber auch ein geführtes Pferd bemerkt eine Anspannung des Menschen. Wenn ich dann dazu in der Lage bin, mich sehr schnell zu lockern und zu entspannen, sorge ich ebenso für Entspannung und Angstreduktion beim Pferd.

Mittlerweile gibt es tausende verschiedene Anleitungen PMR durchzuführen und ebenso viele Varianten der PMR. Die hier verfasste Instruktion ist lediglich ein Vorschlag und verbindet imaginative Elemente mit der puren Praxis der Muskelrelaxation.

Im Folgenden eine Anleitung zur Durchführung dieser Entspannungsübung:

Suche dir einen bequemen Ort, um diese Übung durchzuführen. Man kann sowohl im Sitzen, als auch im Liegen PMR üben.
Du sollst nun nacheinander verschiedene Muskelgruppen anspannen und direkt im Anschluss entspannen. Die Entspannung von Muskeln nach einer Anspannung ist dir vertraut. Nach jeder körperlichen Anstrengung neigen Muskeln zur Entspannung. Denke an die Gazelle, die einem Löwen entkommen ist. Jeder Muskel war bei ihrer Flucht aufs Höchste angespannt. Nach ihrer erfolgreichen Flucht mag sie an einem Wasserloch stehen und trinken, ihre Muskeln zucken leicht und entspannen immer mehr. Wenn du im Folgenden aufgefordert wirst, Muskeln anzuspannen, dann mache dies nicht mit deiner ganzen Kraft. Ein geringer Kraftaufwand ist völlig ausreichend. Es geht primär darum, sich in der Wahrnehmung der Unterschiede von Anspannung und Entspannung zu schulen und zu üben.
Jede Anspannungsphase sollte etwa 5 Sekunden und jede Entspannungsphase etwa 20 Sekunden dauern. Es kann die Entspannung fördern, wenn du bei der Übung die Augen schließt. Wenn es für dich angenehmer ist die Augen offen zu halten, dann halte die Augen geöffnet.

Wenn du eine bequeme Position im Sitzen oder Liegen (auf dem Rücken) eingenommen hast, dann balle bitte beide Fäuste. Halte diese Anspannung einen Moment (5 Sekunden) öffne dann die Hände und entspanne (20 Sekunden).

Wiederhole diese Übung.
(Jede einzelne Übung wird direkt zweimal hintereinander durchgeführt.)
Achte nun auf Gefühle von Wärme in deinen Händen. Spürst du den Unterschied zwischen der Anspannung und der Entspannung?

Nun drücke beide Unterarme auf die Stuhllehne oder beide Arme auf die Unterlage, auf der du liegst. Halte diese Anspannung einen Moment und lasse dann los.
Entspanne Hände, Arme und Schultergürtel.
Wiederhole diese Übung.
Nimm den Unterschied zwischen der Anspannung und Entspannung wahr. Achte wieder auf Gefühle von Wärme in den zuvor angespannten Muskelgruppen.

Winkele beide Oberarme an und spanne deinen Bizepsmuskel an. Entspanne Schultergürtel, Arme und Hände.
Wiederhole diese Übung.
Achte auf Gefühle von Wärme und vergleiche die rechte mit der linken und die linke mit der rechten Seite. Gibt es eine Seite die entspannter ist? Nimm das Ergebnis deines Vergleichs zur Kenntnis.

Jetzt ziehe deine Schultern hoch und halte diese Position für fünf Sekunden. Anschließend lasse deine Schultern langsam sinken.
Wiederhole diese Übung.

Entspanne alle bisher angespannten Muskelgruppen und genieße es einen Moment nichts tun zu müssen.

Bei der nächsten Übung sollst du die Zähne aufeinander beißen und die Stirn runzeln. Entspanne wieder und achte auf die Empfindungen in deinem Gesicht und auf Gefühle von Wärme.
Wiederhole diese Übung.

Nun atme tief ein und fülle deine Lungen mit Sauerstoff. Behalte die Luft einen kurzen Moment in deinen Lungen und atme anschließend tief aus. Stelle dir vor, wie beim Ausatmen jegliche Anspannung aus dir weicht und mit der verbrauchten Luft Sorgen und Anspannungen deinen Körper verlassen.
Wiederhole diese Übung.
Atme nun ruhig und regelmäßig weiter. Stelle dir vor, dass du mit jedem Einatmen Kraft tankst und dich mit jedem Ausatmen immer weiter entspannst.

Spanne jetzt die Bauchmuskulatur an (ziehe den Bauch ein). Halte die Spannung für einen Moment und lasse los.
Wiederhole die Übung.
Bleibe nun einen Moment sitzen oder liegen und versuche deinen ganzen Körper zu entspannen. Immer wenn du denkst, du kannst dich nicht weiter entspannen, entspannst du ein klein wenig mehr.

Bei der vorletzten Übung hebst du deine Beine und lässt sie ein kleines Stückchen über dem Boden schweben. Spüre die Anspannung in Bauch und Beinen und lasse die Beine wieder sinken.
Wiederhole die Übung.
Achte wieder auf Wärme in deinem Körper und vergleiche die linke mit der rechten und die rechte mit der linken Seite.

Bei der letzten Übung richtest du die Fußspitzen nach oben, bis du eine Anspannung in den Schienbeinen spürst. Halte die Spannung einen Moment und lasse los.
Wiederhole die Übung.

Gehe nun gedanklich noch einmal durch alle Muskeln, die du angespannt hattest und versuche diese noch weiter zu lockern: Hände, Unterarme, Oberarme, Schultern, Gesicht, Brustkorb, Bauch, Oberschenkel, Unterschenkel.
Genieße es einen weiteren Moment nichts tun zu müssen und genieße die Entspannung. Wenn es dir beliebt, dann öffne die Augen und nimm bewusst die Umgebung um dich herum wahr. Spanne kurz alle deine Muskeln an und spüre die Frische, mit der dich die Übung versehen hat.
Wenn du dich noch nicht oder nur wenig entspannen konntest, sei nicht enttäuscht. Es ist eine Übung und bedarf unter Umständen auch tatsächlich der Einübung, bis du erste Erfolge spürst.

Du wirst aber nach einiger Zeit der regelmäßigen Anwendung (in den ersten Wochen macht es Sinn, sich täglich eine Viertelstunde Zeit hierfür zu nehmen) bemerken, dass du in nur wenigen Momenten deinen Körper komplett entspannen kannst, auch, wenn du eine Gefahr wahrnimmst, die dir ggf. etwas Angst oder Sorge bereitet. Beobachte, wie sich dies auf dein Pferd auswirkt und wie hierdurch das Vertrauen in deine Führungsqualitäten wachsen kann.

Zusammenfassung

Um möglichen Gefahren gut begegnen zu können, benötigen wir unbedingt ein gewisses Maß an Aufmerksamkeit und Anspannung. Dies erhöht unsere Wachsamkeit und fördert so unsere Reaktionsbereitschaft und Reaktionsgeschwindigkeit. Durch eine genaue Analyse unserer Ängste haben wir uns gegebenenfalls von überflüssigen Ängsten ein Stückchen distanzieren können und durch die regelmäßige Übung eines Entspannungsverfahrens (PMR) gelernt, uns in wenigen Momenten so zu entspannen, dass unser Pferd dies wahrnimmt, sich ebenfalls entspannt und beide von der Wechselwirkung in Form zunehmender Beruhigung profitieren können.

Weiterführende Literatur:

Vaitl, Dieter. (Hrsg.). (2004). Entspannungsverfahren. Weinheim, Basel. Beltz Verlag

Nach(t)gedanken

Ein ganzer Sack Salz

Als ich ein kleiner Junge war, sagte meine Mutter immer: „Bis du jemandem wirklich vertrauen kannst, musst du einen ganzen Sack Salz mit ihm gegessen haben." Ich habe mir dann immer Männer am Lagerfeuer vorgestellt, die einen Sack Salz vor sich liegen hatten und daraus mit ‚Leichenbittermiene' Salz gelöffelt haben. Ich habe den Satz nie verstanden, obwohl ich viel darüber gegrübelt habe, warum gerade Salz Vertrauen herstellen sollte. Heute frage ich mich auch, warum ich meine Mutter nie nach der Bedeutung dieser Weisheit gefragt habe, wo sie mir doch lange nicht aus dem Kopf ging, obwohl ich ihren Inhalt oder besser Gehalt zu keiner Zeit begriffen hatte. Irgendwann einmal geriet die Angelegenheit mit dem Salz dann in Vergessenheit.

Was bedeutet dieser Satz nun, zumal wenn man ihn auf das Vertrauen zum Pferd oder das Vertrauen des Pferdes in einen selbst überträgt? Bedeutet es: damit Pferd und Reiter oder Pferd und Mensch sich vertrauen, müssen sie gemeinsam einen Salzleckstein verspeist haben? Wohl kaum. Aber wie lange dauert es, bis ein Pferd einen Salzleckstein quasi aufgeleckt hat? Wie lange dauert es, bis zwei Menschen gemeinsam einen Sack Salz gegessen haben? Es dauert sehr, sehr lange. Die Bedeutung dessen, was mir meine Mutter

als Kind immer wieder gesagt hat, wurde mir erst in meinen späten Erwachsenenjahren offenbar:
Vertrauen braucht Zeit!
Und je mehr Zeit wir uns nehmen, desto schneller geht es.

11. Kapitel

Umgang mit Angst

Teil 3

Entspanne dich mit deinem Pferd

Eine gute Voraussetzung für die folgende Übung ist die Beherrschung der Progressiven Muskelrelaxation (PMR). Nach regelmäßiger Anwendung und Übung ist man in der Regel dazu in der Lage, in wenigen Momenten vollkommen zu entspannen. Dies liegt insbesondere an einer verbesserten Körperwahrnehmung bzw. einer spezifischen Wahrnehmung der eigenen Anspannung und an der eingeübten Praxis, die gesamte angespannte Muskulatur zu lockern. Aber auch ohne Beherrschung von PMR kann diese Übung durchgeführt werden.
Häufig verspannen wir uns, während wir mit dem Pferd arbeiten, weil Dinge nicht so laufen, wie wir es erwarten, wir ungeduldig sind, wir uns ärgern oder weil wir Angst haben, die Kontrolle zu verlieren. Diese Anspannung überträgt sich auf unser Pferd. Manchmal bringt aber auch das Pferd Unruhe und Anspannung mit, die sich auf uns überträgt. Das ist ein Teufelskreis.
Natürlich sollte ein Pferd über ausreichende Bewegungsmöglichkeiten verfügen, damit es überhaupt dazu in der Lage ist, entspannt zu arbeiten.

Ähnliches gilt für uns. Ein Pferd, das die ganze Woche in der Box gestanden hat und dann auf seinen Besitzer trifft, der die Woche über zahlreiche Überstunden im Büro absolviert hat, kann eine Herausforderung darstellen.

1. Meditation:

Stelle dir vor, wie du dein Pferd führst, mit ihm durch den Wald, über Feldwege, Wiesen und Felder gehst. Auf eurem Weg begegnen euch zahlreiche Herausforderungen, die dein Pferd unruhig werden lassen und dankbar für jede Herausforderung entspannt sich dein ganzer Körper und dein Geist bei jeder dieser Begegnungen ein kleines bisschen mehr, bis du am Ende eures Weges vollkommen entspannt und glücklich zurückkehrst.

2. Meditation und Übung

Bewege dich ohne dein Pferd im Freien oder im Raum und versuche gleichzeitig aufrecht mit viel Körperspannung und dich dennoch muskulär möglichst entspannt zu bewegen. Versuche diesen Widerspruch zu vereinen. Achte darauf, dass du weder die Zähne zusammenbeißt, noch die Schultern hochziehst.

Übung:

Teil 1

Führe dein Pferd. Gehe mit ihm spazieren. Bleibe alle fünf oder zehn Minuten stehen, lege deine Hand sanft auf den Nacken des Pferdes und drücke vorsichtig den Kopf des Pferdes nach unten. Lasse sofort mit dem Druck nach, wenn das Pferd entspannt nachgibt. Du wirst das Lösen der Anspannung spüren. Versuche dabei gleichzeitig selbst muskulär völlig zu entspannen. Lobe dein Pferd, gehe weiter und wiederhole die Übung, allerdings nicht zu oft. Es sollte keinesfalls für dein Pferd oder dich in Stress ausarten, fünf oder sechsmal während eines Spaziergangs sind hinreichend. Wenn es noch nicht so gut funktioniert hat, dann wird es beim nächsten Mal besser sein.

Teil 2

Wenn ihr die gemeinsame Entspannung beherrscht: Setze diese Form der gemeinsamen Entspannung bei deiner sonstigen Bodenarbeit ein, z.B. während des Longierens. Rufe dein Pferd zu dir, entspannt gemeinsam, lobe dein Pferd dabei, wobei dieses Entspannen, das Vertrauen schafft, bereits Lob genug ist und setze die Arbeit fort.

Nacht(t)gedanken

Vertrauen wächst mit jerder Herausforderung

Natürlich kann man einfach dankbar dafür sein, wenn das Training ohne Zwischenfälle abgelaufen ist. Tritt keine brenzlige Situation beim Reiten oder Führen des Pferdes auf, dann hatten wir beide, mein Pferd und ich, weniger Stress und ich habe auch das Gefühl, wir haben uns beide gut entwickelt.
Ich kann aber auch denken: Klasse! Heute ist mein Pferd etwas in Panik geraten, als in der Reithalle ein anderes Pferd dicht hinter uns gelaufen ist. Wir haben das gut bewältigt und wieder etwas Neues gelernt. Das schweißt zusammen! Hoffentlich begegnen uns noch viele solcher Situationen, denn dann spüren wir zunehmend, dass wir uns aufeinander verlassen können. Unser gegenseitiges Vertrauen wächst mit jeder Herausforderung.

Helmut Dillmann. Jahrgang 1958. Geboren in Koblenz (Deutschland) und wohnhaft in der Nähe von Wiesbaden.

Helmut Dillmann bezeichnet sich als „Spätberufenen“. Bis vor einigen Jahren habe er nie mit Pferden zu tun gehabt. Bei einer zufälligen Begegnung mit dem asilen Vollblutaraberhengst BAA Ahabb habe er gespürt, dass es weder einen Weg zurück noch vorbei gebe, sondern nur hindurch. Von einem Hengst bekomme man nichts geschenkt, aber das, was man sich durch gemeinsames Wachstum erarbeiten könne, sei wiederum ein Geschenk des Himmels. Nach dem Studium der Psychologie absolvierte der Autor eine Ausbildung zum Verhaltenstherapeuten und arbeitet seither für verschiedene Organisationen und Kliniken. Seit 1996 ist er in eigener Praxis als Psychologischer Psychotherapeut, Lehrtherapeut, Supervisor und Dozent tätig.

Foto: Birgit Schönwälder

Julia Moll. Jahrgang 1976. Geboren und wohnhaft in Tirol, Österreich.

Julia Moll ist seit 2012 hauptberuflich als Pferdefotografin tätig. Pferde begleiten sie bereits seit ihrem 10. Lebensjahr, aktuell besitzt sie einen rein spanisch gezogenen Araber-Wallach, den sie aus Andalusien mit nach Österreich gebracht hat. Ihr Anliegen ist es, Pferde in ihren authentischsten Momenten festzuhalten, durch die Linse in ihre Seele zu schauen und ihr ureigenstes Wesen einzufangen. Mit viel Feingefühl gelingen ihr beeindruckende Momentaufnahmen, welche den Charakter und die einzigartige Schönheit von Pferden aufs Bild bringen.